新塑性加工技術シリーズ 12

回 転 成 形
―― 転造とスピニングの基礎と応用 ――

日本塑性加工学会 編

コロナ社

■ 新塑性加工技術シリーズ出版部会

部 会 長	浅 川 基 男	（早稲田大学名誉教授）
副部会長	石 川 孝 司	（名古屋大学名誉教授，中部大学）
副部会長	小 川 　 茂	（新日鉄住金エンジニアリング株式会社顧問）
幹　　事	瀧 澤 英 男	（日本工業大学）
幹　　事	鳥 塚 史 郎	（兵庫県立大学）
顧　　問	真 鍋 健 一	（首都大学東京）
委　　員	宇都宮 　 裕	（大阪大学）
委　　員	高 橋 　 進	（日本大学）
委　　員	中 　 哲 夫	（徳島工業短期大学）
委　　員	村 田 良 美	（明治大学）

（所属は 2016 年 5 月現在）

刊行のことば

 ものづくりの重要な基盤である塑性加工技術は，わが国ではいまや成熟し，新たな展開への時代を迎えている．

 当学会編の「塑性加工技術シリーズ」全19巻は1990年に刊行され，わが国で初めて塑性加工の全分野を網羅し体系立てられたシリーズの専門書として，好評を博してきた．しかし，塑性加工の基礎は変わらないまでも，この四半世紀の間，周辺技術の発展に伴い塑性加工技術も進歩を遂げ，内容の見直しが必要となってきた．そこで，当学会では2014年より新塑性加工技術シリーズ出版部会を立ち上げ，本学会の会員を中心とした各分野の専門家からなる専門出版部会で本シリーズの改編に取り組むことになった．改編にあたって，各巻とも基本的には旧シリーズの特長を引き継ぎ，その後の発展と最新データを盛り込む方針としている．

 新シリーズが，塑性加工とその関連分野に携わる技術者・研究者に，旧シリーズにも増して有益な技術書として活用されることを念じている．

2016年4月

日本塑性加工学会　第51期会長　真　鍋　健　一
（首都大学東京教授　工博）

■「回転成形」専門部会（執筆分担）

川井　謙一（横浜国立大学名誉教授）　1, 2, 5, 6章
団野　　敦（Singapore Institute of Manufacturing Technology）
　　　　　　　　　　　　　　　　　　　3, 4, 7章

（2019年3月現在，執筆順）

大　橋　宣　俊
川　井　謙　一
炭　谷　幸　二
谷　本　楯　夫
団　野　　　敦
塚　本　頴　彦
葉　山　益次郎
　　（五十音順）

まえがき

　日本塑性加工学会編 塑性加工技術シリーズ『回転加工―転造とスピニング―』が刊行されたのは1990年12月であるから，四半世紀以上が経過したことになる．この間，回転しているブランク（被加工材）に工具を押付け，工具との局部的な接触による塑性変形の繰返しによって徐々に全体の製品形状を創成していく，典型的なインクリメンタルフォーミングとしての回転成形（rotary forming）の適用範囲は着実に広がりつつある．

　『回転成形―転造とスピニングの基礎と応用―』で取り上げる回転成形の各加工技術の基礎と各加工法における変形機構などは，基本的には『回転加工』の刊行時と変化はないが，この四半世紀の間に数値制御技術などを含む周辺技術の発展に伴って各加工技術も大きく進歩してきている．

　『回転加工』から『回転成形』へ改編するに当り，まず，本加工技術が機械加工ではなく塑性加工（metal forming）技術であることを明示するために，書名を『回転成形』へと変更した．ついで，全体の構成についても見直しを行い，『回転加工』は全9章で構成されていたが，他の章に比較してページ数が少ない「回転鍛造」と「ディスクローリング」を『回転成形』では7章「その他の回転成形」に移して，全7章で構成するように章の数を減らした．

　7章「その他の回転成形」には「回転鍛造」，「ロータリースエージングおよびラジアル鍛造」，「傾斜軸転造」，「冷間プロフィル転造」および「ディスクローリング」など各種の回転成形技術が含まれており，『回転成形』に含まれている各加工技術は「ドリルの転造」を除いたこと以外，基本的には『回転加工』と同一である．

　また，2章「ねじ転造」，3章「歯車・スプライン転造」，4章「クロスロー

リング」，5章「リングローリング」，6章「スピニング」および7章「その他の回転成形」の各章においては，『回転加工』をベースとして加工技術のディジタル化，フレキシブル化，インテリジェント化や複合化など，最新の応用例や動向を追加して節や項の構成を変更しており，また重要な基本的事項を説明する必要性から構成も含めて全面的に書き改めた章もある．

7章「その他の回転成形」で記述されている各加工技術も含めて，『回転成形』の各章で取り上げている回転成形の各加工技術を単独加工として利用するだけでなく，これらをベースにした新しい加工技術や加工法の開発，また他の加工法との複合化などによる，より効果的な生産手段への展開を期待したい．

回転成形全般に関する特徴や利点は1章「総論」にまとめられているが，近年の技術的動向に基づいた長所を強調するとすれば

（1） 通常の鍛造やプレス加工に比較して小荷重容量の機械で成形ができ，また簡単形状で安価な工具を用いて，多様な製品をフレキシブルに成形できるので，多品種少量（high-mix, low-volume）生産に適している，

（2） 工具の運動のディジタル制御が可能であり，これからのディジタル生産システムに適している，

（3） 加工荷重が小さく，潤滑が容易なため，高強度材や難加工材の成形にも適用できる

ことなどがあり，回転成形はこれからも重要な成形技術の一つである．ただし，高品質な製品を回転成形で製造するためには，適正な成形加工条件（工具運動）の選定，材料変形や材料流れの適切な制御が不可欠で，そのためには各加工技術に特有の知識が必要なため，回転成形の特性をよく理解する必要があり，本書がそのための一助となれば幸いである．

『回転成形』を取りまとめるに当り，前述のように『回転加工』の図表や記述をそのまま使用させていただいた箇所も多くあり，『回転加工』の著者に深く謝意を表する．また，出版を企画された一般社団法人日本塑性加工学会，ならびに出版の労をお取りいただいた株式会社コロナ社に謝意を表する．

2019年3月

「回転成形」専門部会　　川井　謙一，団野　敦

目 次

1. 総 論

1.1 回転成形の発展 …………………………………………………………… 1
1.2 回転成形の原理と分類 …………………………………………………… 2
　1.2.1 回転成形の加工原理 ………………………………………………… 2
　1.2.2 回転成形の分類 ……………………………………………………… 3
1.3 回転成形の特性と特徴 …………………………………………………… 9
　1.3.1 転造の変形の特徴 …………………………………………………… 9
　1.3.2 スピニングの変形の特徴 …………………………………………… 13
1.4 回転成形の利点 …………………………………………………………… 15
引用・参考文献 ………………………………………………………………… 16

2. ねじ転造

2.1 概　説 ……………………………………………………………………… 18
2.2 加工機械 …………………………………………………………………… 20
　2.2.1 転造方式の分類 ……………………………………………………… 20
　2.2.2 ねじ転造盤と転造装置 ……………………………………………… 22
　2.2.3 ねじ転造ダイス ……………………………………………………… 28
　2.2.4 薄肉部品の転造 ……………………………………………………… 31

2.2.5 めねじの塑性加工 … 31
2.2.6 ねじ転造における潤滑 … 33
2.3 加工力 … 34
2.3.1 くさび形工具の押込み力 … 34
2.3.2 ねじ転造力（半径力） … 37
2.4 転造ねじの強度 … 41
2.4.1 おねじの製造方法 … 41
2.4.2 おねじの疲労強度 … 48
引用・参考文献 … 51

3. 歯車・スプライン転造

3.1 概説 … 53
3.1.1 加工の概略 … 53
3.1.2 歯車転造の方式 … 54
3.1.3 歯形部品製造工程での役割 … 56
3.2 加工の基本的考え方 … 57
3.2.1 歯の盛上がりと材料流れ … 57
3.2.2 幾何学的条件 … 59
3.2.3 歯に作用する荷重 … 61
3.3 ラックダイス方式 … 62
3.3.1 転造装置 … 62
3.3.2 ラックダイス … 63
3.3.3 転造成形品 … 64
3.4 ローラーダイス方式 … 65
3.4.1 転造装置 … 65
3.4.2 スプラインおよび歯車の冷間転造 … 66
3.4.3 歯車の熱間転造 … 68
3.4.4 歯車の仕上げ転造 … 73

3.5 その他の歯車転造方式 ·· 76
　3.5.1 ＷＰＭ　　法 ·· 76
　3.5.2 Ｇｒｏｂ　　法 ··· 77
　3.5.3 リングローリング方式 ·· 80
　3.5.4 かさ歯車の熱間転造 ·· 81
引用・参考文献 ··· 81

4. クロスローリング

4.1 加　工　方　法 ··· 84
4.2 クロスローリングの基本的特性 ·· 90
4.3 クロスローリングのダイス形状 ·· 91
　4.3.1 成形角 α，進行角 β の選定 ······································ 91
　4.3.2 成形角 α より大きい傾斜面を成形する切上げ法 ················· 93
　4.3.3 くびれを防止する方法-1　2段成形法 ······························ 96
　4.3.4 くびれを防止する方法-2　転圧法 ································· 98
　4.3.5 端面の変形に対する設計手法 ······································ 99
　4.3.6 盛　上　げ　成　形 ··· 101
4.4 クロスローリングマシン ··· 102
4.5 クロスローリングの用途とその適用例 ···································· 105
　4.5.1 自動車用ギヤ素形材への応用例 ··································· 106
　4.5.2 熱間型鍛造用荒地加工への応用例 ································· 109
引用・参考文献 ··· 110

5. リングローリング

5.1 概　　　　　説 ··· 112
5.2 リングローリングの加工プロセス ·· 115

5.2.1　リングローリングの加工方式………………………………………115
　　5.2.2　リングの製造工程……………………………………………………117
　　5.2.3　リングローリングにおける加工条件の選定と加工上の課題………122
　5.3　リングローリングの解析……………………………………………………125
　　5.3.1　解析的手法による解析………………………………………………125
　　5.3.2　有限要素法による解析………………………………………………129
　5.4　リングローリングのフレキシブル化………………………………………132
　引用・参考文献……………………………………………………………………133

6. スピニング

　6.1　概　　説………………………………………………………………………137
　　6.1.1　スピニングの基本加工法……………………………………………137
　　6.1.2　スピニングの経済性…………………………………………………139
　　6.1.3　スピニングにおける加工性…………………………………………140
　　6.1.4　スピニングにおける潤滑剤…………………………………………142
　　6.1.5　スピニング製品の精度………………………………………………143
　　6.1.6　スピニングの適用分野………………………………………………146
　6.2　絞りスピニング………………………………………………………………147
　　6.2.1　絞りスピニングにおける加工手順…………………………………147
　　6.2.2　固定加工条件と流動加工条件（1）の選定…………………………149
　　6.2.3　流動加工条件（2）の選定……………………………………………150
　　6.2.4　円筒形以外の絞りスピニング………………………………………157
　6.3　しごきスピニング……………………………………………………………159
　　6.3.1　固定加工条件の選定…………………………………………………161
　　6.3.2　流動加工条件（1）の選定……………………………………………164
　　6.3.3　流動加工条件（2）の選定……………………………………………166
　　6.3.4　しごきスピニングにおける加工性…………………………………167
　　6.3.5　製品の強度……………………………………………………………173

目次　ix

- 6.4　回転しごき加工 …………………………………………………… 176
  - 6.4.1　加工原理と変形機構 …………………………………… 176
  - 6.4.2　加　　工　　力 …………………………………………… 182
  - 6.4.3　加工条件と加工性 ……………………………………… 185
- 6.5　その他のスピニング ……………………………………………… 188
  - 6.5.1　鏡板の加工（フランジング） ………………………… 188
  - 6.5.2　管端閉じ加工（クロージング） ……………………… 192
  - 6.5.3　ネ　ッ　キ　ン　グ …………………………………………… 194
  - 6.5.4　バルジングとフレアリング …………………………… 195
  - 6.5.5　縁　　加　　工 …………………………………………… 196
  - 6.5.6　数値制御スピニング …………………………………… 197
  - 6.5.7　スピニングのインテリジェント化とフレキシブル化 …… 200
  - 6.5.8　非軸対称製品のスピニング …………………………… 202
- 引用・参考文献 …………………………………………………………… 203

7.　その他の回転成形

- 7.1　回　転　鍛　造 ………………………………………………………… 208
  - 7.1.1　加　工　方　法 …………………………………………… 208
  - 7.1.2　回転鍛造の応用 ………………………………………… 214
- 7.2　ロータリースエージングおよびラジアル鍛造 ……………… 218
  - 7.2.1　加工方法の概略 ………………………………………… 218
  - 7.2.2　応　　用　　例 …………………………………………… 222
- 7.3　傾　斜　軸　転　造 …………………………………………………… 224
  - 7.3.1　加工方法の概略 ………………………………………… 224
  - 7.3.2　球　の　転　造 …………………………………………… 225
  - 7.3.3　その他の傾斜軸転造 …………………………………… 228
- 7.4　冷間プロフィル転造 ……………………………………………… 236
  - 7.4.1　プ　ー　リ　転　造 ………………………………………… 236

  7.4.2　プロフィルリングの転造……………………………………… 238
  7.4.3　テーパチューブの転造成形……………………………………… 239
  7.4.4　バニシ転造……………………………………………………… 240
 7.5　ディスクローリング……………………………………………………… 242
  7.5.1　加工法と歴史…………………………………………………… 242
  7.5.2　車輪圧延機（ホイールミル）………………………………… 243
  7.5.3　ディスクリング成形機………………………………………… 248
  7.5.4　ディスクローリングの適用の拡大…………………………… 254
引用・参考文献………………………………………………………………………… 255

索　　　引……………………………………………………………………………… 259

1 総　　　論

1.1　回転成形の発展

　機械部品や製品の塑性加工では，鍛造やプレス加工に示されるような往復運動を利用したものが主流となっているが，回転運動を利用した二次加工技術が生産性がよさそうだという考えは誰にでもあるだろう．日本塑性加工学会では1969年に，会誌「塑性と加工」に，ねじや歯車の転造，クロスローリングおよびスピニングなどを総括して特集号[1]†を発刊し，初めて「回転成形」という名称をつけている．当時，これらの技術は個々に採用され，徐々に現場に普及し始めていたから，論文や解説記事という形で収録された意義はきわめて大きい．

　最も一般的なねじ転造の発展をみると，油圧式ねじ転造盤がわが国で一般に普及し始めたのが1950年頃であり，それが1965年頃までには世界有数のねじ部品生産国にまでなっている[2]．ねじ部品の桁違いの量産性や多様性に業界の努力が相まって，この高水準の発展をもたらしたものと想像される．どの素形材加工に対しても，このような発展を期待するわけではないが，さまざまな発想の下に回転成形の特徴を生かして，現在ではいろいろな加工法が展開されている．

　多機能を備えた便利な加工機械の開発・製造が行われ，さらにそれらに対応した加工技術が発展して体系化が整い，それぞれの分野で需要も増大して，回

---

†　肩付き数字は，章末の引用・参考文献番号を表す．

転成形は機械部品・製品の製造に一つの特色ある塑性加工技術としてその役割を果たすことになった．また，回転運動が自動化，連続化しやすいことから生産ラインへの組込みを可能とし，多種少量生産向きと銘打たれたものも，しだいに中・大量生産へも対応できるスタイルを付け加えることになった．

回転成形は原則として回転対称体製品の製造に限られるが，素形材加工技術に関する全国調査の結果[3]をみると，素形材全製品5 445点の約50%が回転対称体である．しかし，塑性加工されている2 309点のうちわずか2.1%が回転成形されているにすぎない．これは逆説的にいうと，回転成形に関する知識とその普及が十分でないこと，まだまだその利用・発展の余地が将来にあることを物語っている．

1.2 回転成形の原理と分類

1.2.1 回転成形の加工原理

回転成形は，棒状，管状および板状のブランク（被加工材，素材）を回転させ，工具との局部的な接触による塑性変形の繰返しによって徐々に全体の製品形状を創成していく加工法であり，典型的なインクリメンタルフォーミングである．棒材の回転成形は転造，板材の回転成形はスピニングと呼ばれている．回転成形はしばしば回転塑性加工，または回転加工と呼ばれることもある．

一般に，ねじ転造，歯車転造，プロフィル転造（ボール転造など種々のプロフィルの転造），クロスローリング，ヘリカルローリング，リングローリング，ディスクローリング，回転鍛造（揺動鍛造），ロータリースエージング，ラジアル鍛造，絞りスピニング，しごきスピニングおよび回転しごき加工などの塑性加工が，回転成形に含まれる[4]〜[6]と考えられている．

同一の枠の中に，大量生産の典型例であるねじ転造と多種少量生産の典型例と考えられているスピニング（絞りスピニング，しごきスピニング，回転しごき加工）を含めることに違和感を覚えるかもしれないが，その変形機構や材料流れには共通するところが多い．回転鍛造（揺動鍛造），ハウジング回転方式

のロータリースエージングおよびラジアル鍛造では，ブランクが回転しない加工法の場合が多く，この場合は前述の回転成形の定義から外れるが，ブランクと工具の相対運動はブランクが回転する場合と同一とみなすことができるので，本書では回転成形に含めている．

転造においては，通常は**図1.1**（a）のようにブランクを2個のローラーで挟んで転造し，横転造と呼んでいる．製品の長さがローラーの幅Lによって制限を受けるので，長い製品を転造する場合には図(b)のようにローラー軸をブランク軸に対して傾けて軸方向送りを生じさせるクロスヘリカル転造（傾斜軸転造）を利用し，一般に通し転造（スルーフィード転造）と呼んでいる．また，ローラーの軸とブランクの軸が直角で交わると，図(c)の縦転造となり，歯車やスプラインを転造するGrob法がその一例である．

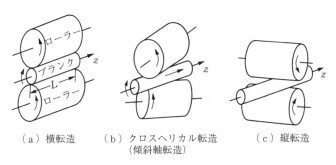

（a）横転造　　（b）クロスヘリカル転造　　（c）縦転造
　　　　　　　　　（傾斜軸転造）

図1.1　丸棒の転造

1.2.2　回転成形の分類

回転成形における材料流れを考えるために，**図1.2**および**図1.3**のように円筒座標系(r, θ, z)のz軸のまわりを回転しているブランクに対して，成形角αの工具（ローラー）を半径方向（r方向）から加圧する場合を考える．その際，工具（ローラー）とブランクの（投影）接触面の円周方向長さをB，軸方向長さをLとすると，成形角αと接触長さ比L/Bの値の組合せなどによって，工具の瞬間的な押込み（工具の送り速度または押込み速度）に対する主たる材料流れは図1.3のように分類できる[4),7),8)]．

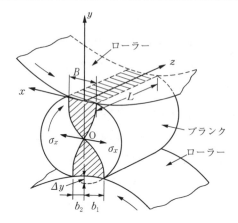

図 1.2 回転成形の変形

成形角 α	流れ傾向 目的	接触形態 $L/B<1$ 軸方向流れ (rz 面内の変形)	$L/B>1$ 円周方向流れ ($r\theta$ 面内の変形)
大	半径流れ	ねじの転造	歯車の転造
小	流れ傾向と同じ	クロスローリング / 回転しごき加工	リングローリング

図 1.3 回転成形における主たる材料流れ [4), 7), 8)]

実際の回転成形の個々の変形過程は複雑な三次元変形であるが，工具やブランク（被加工物）自身による拘束を利用して，材料にとって変形の瞬間に流れやすい方向と流れにくい方向とを作ることができ，材料流れの制御が可能となる．

$L/B<1$ の場合には，軸方向流れ（z方向流れ）が優先される．三次元の材料流れで円周方向にも材料流れが存在するが，主たる材料流れは軸方向であるという意味である．軸方向の面に対して工具の成形角αが大きく傾いているねじ転造では，rz面内で理想的に軸方向流れを半径方向流れ（r方向流れ）に変えている．成形角αが小さい場合には，半径方向流れを起こさせないで軸方向流れが主目的であるクロスローリングとなり，管材の場合には回転しごき加工となる．

これに対して$L/B>1$の場合には，円周方向流れ（θ方向流れ）が優先されて，$r\theta$面内の変形が主となる．成形角αが大きければ，円周方向流れは半径方向流れに変えられて，歯車やスプラインの転造となる．リングローリングでは，平ロール（プレーンロール）が普通に用いられるので，$\alpha=0$と考えれば，円周方向にのみ材料が流れてリングの直径を大きくする主目的が達成される．回転成形は局部的な接触による塑性変形の繰返しであるから，所望の形状と製品の機能に対して，材料流れをうまく制御することが回転成形採用の鍵となる．

図1.3のような回転成形における材料流れを念頭において，回転成形をブランク形状，工具の加圧方向および材料流れの方向等から整理すると，**図1.4**[4),9)]のように分類できる．図1.2および図1.3の場合と同様にブランクはz軸のまわりを回転し，工具は図中の矢印の方向にブランクを加圧するものとする．例えば，ブランクの形状によって棒材〔A〕，板材〔B〕および管材〔C〕に分類し，また，工具の加圧方向が主として半径方向（r方向）であるものを（Ⅰ）および（Ⅱ）（（Ⅰ）および（Ⅱ）の区別は後述），軸方向（z方向）であるものを（Ⅲ）と分類する．

〔1〕 **棒材の回転成形**

まず，一般に転造と呼ばれている棒材の回転成形の図1.4〔A〕において，ブランクを半径方向（r方向）から加圧する場合を考える．rz面内で材料流

6 　　　　　　　　　　1. 総　　　論

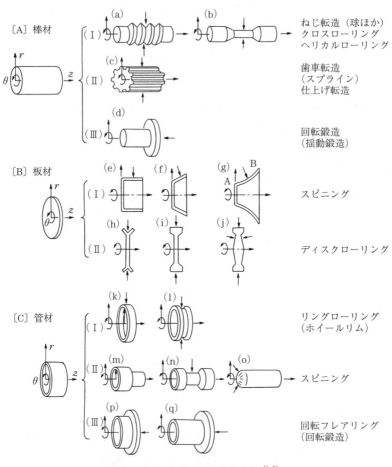

図1.4 回転成形の基本的な分類 [4), 9)]

れを生じるのが〔A〕-（I）となるが，図1.3で材料流れを示したように半径方向（r方向）に材料を盛り上げるのが（a）のねじ転造であり，軸方向（z方向）に伸ばすのが（b）のクロスローリングである．種々の形状の溝，球，フィンなどのプロフィル転造は（a）に属し，ヘリカルローリング，ロータリースエージングおよびラジアル鍛造は（b）に属している．なお，クロスローリングにおいても，切上げ成形法によって材料を半径方向（r方向）に盛り上げる [4), 10)] こともあるが，主たる材料流れは軸方向であり，（a）ではなく

(b) に分類される.

　一方，半径方向（r方向）からの工具の加圧に対して，$r\theta$面内で材料流れを生じ，材料を半径方向に盛り上げてプロフィルを形成するのが〔A〕-（Ⅱ）-（c）と分類され，歯車転造やスプラインの転造がこれに該当する．Grob法による歯車やスプラインの転造の場合は，図1.1（c）の縦転造で材料が相対的に軸方向にも移動することになるが，製品のプロフィルを形成するための主たる材料流れは図1.3の右上に示したとおりであり，スプライン軸や各種歯付き部品の成形法として多くの実用実績がある．

　これに対して，〔A〕-（Ⅲ）-（d）では棒状ブランクをその軸方向（z方向）に加圧するので，通常の鍛造に似ていることから回転鍛造（揺動鍛造）と呼ばれている．回転鍛造機の開発の歴史的経緯から上型揺動回転方式の回転鍛造機[11]が多く，この場合はブランクは回転しないからハウジング回転方式のロータリースエージングやラジアル鍛造と同様に厳密には図1.4の分類には入らないかもしれない．しかし，軸対称部品の据込みであれば下型回転駆動方式[12]によるほうが装置の駆動系は簡単であり，材料流れは厳密に〔A〕-（Ⅲ）-（d）に一致する．その際，工具とブランクの相対的な運動は両方式でまったく同じであるので，区別する必要がない．

〔2〕 **板材の回転成形**

　板材の回転成形の図1.4〔B〕では，〔B〕-（Ⅰ）のスピニングが代表例であり，加圧する工具（ローラー）がrz面内を移動することによって，板材から（e）円筒，（f）円すいの基本形状を作り，さらにその応用形状としてあらゆる種類の輪郭をもった回転対称のシェル体（g）を創成する[13]．また，深絞りあるいはスピニングで予備成形されたカップをブランクとして，〔B〕-（Ⅰ）-（e）の状態でプロフィルをもった工具で半径方向（r方向）に加圧すれば，工具のプロフィルが転写され，種々のプロフィルの転造が可能となる．例えば，ポリⅤプーリ（Ⅴリブドプーリ）の転造[14]はその好例である．

　〔B〕-（Ⅰ）-（e），（f）および（g）でスピニングを想定すると，どうしても薄肉製品の加工を想像してしまうが，実際には初期厚さ12 mm以上の鋼

製ホイールディスク[15]も1パスのスピニングで加工されている．このような厚板を対象にすると，単なる形状だけでなく，板厚方向にも機能をもたせるような回転成形が必要となり，自動車用内歯付きクラッチハウジング[16]などが1チャックで加工できるようになっている．

〔B〕-（Ⅱ）では比較的厚さのある板に対して，板の円周に沿って半径方向（r方向）から工具を押込むことによってスプリッティング（裂開）（h）や増肉（i）が可能となる．さらにサイドロール，ウェブロール，リムロールなどの補助ロールを援用すれば種々の断面のディスク（j）の成形が可能となり[4],[17]，これらを総称してディスクローリングと呼んでいる．ディスクローリングはウェブ部の減肉を行うが，ウェブ部の減肉による材料を内径部に流すことによってボスフォーミングと呼ばれるボスの増肉成形[18]なども可能である．

〔3〕 管材の回転成形

管材の回転成形の図1.4〔C〕において，ブランクの半径／軸方向長さ比の大小によって（Ⅰ）と（Ⅱ）に分ける．〔C〕-（Ⅰ）-（k）は，環状ブランクを2個のロールで挟んで半径方向（r方向）に加圧することによって材料を円周方向に流すリングローリングとなるが，（l）は比較的薄肉の場合でrz面内の変形のみで円周方向（θ方向）に伸ばさず，リング状ブランクからのホイールリムやポリVベルトプーリの成形がその例である．

〔C〕-（Ⅱ）は管材のスピニングの付帯加工であり，（m）は管材の内側からローラーで加圧して膨らませるバルジング，（n）は管材の外側から加圧して管の中間部分を絞るネッキングである．管端部をネッキングする場合もあるが，（o）は完全に閉じてしまうクロージング（管端閉じ加工）を表している．

管材もまた棒材と同様に軸方向から加圧して加工できるので，〔C〕-（Ⅲ）の（p），（q）のように環状体や管材の一部をローラー加工によってフランジ部を作ることができ，フランジ成形や種々の端面加工[19]が含まれる．

このほかに管材をブランクとする回転成形には，回転しごき加工（チューブスピニング）があるが，カップの底を除けば，〔B〕-（Ⅰ）-（e）と同様に半径方向（r方向）からの工具の加圧によって，マンドレルとの間で側壁をしご

くことによって材料を軸方向（z方向）に延伸する加工である．さらに，管材の内面に対して工具を半径方向に加圧して材料を軸方向に延伸すれば，内面の回転しごき加工が可能となる．

1.3 回転成形の特性と特徴

1.3.1 転造の変形の特徴

回転成形では，ブランクがローラー（工具）と接触する際に，ローラーの形状とその配置角度によって材料の流れを変える．転造においては，図1.3および図1.4の〔A〕で述べたように，製品を製造する目的に応じて半径方向から回転押込みを行って材料を半径方向に盛り上げるか，軸方向に伸ばすかする．ただし，**図1.5**における加工中のブランクと工具の接触状況の例[6]に示すように，接触の瞬間における材料流れの量はわずかで，これが蓄積して全体の形状が創成され，一加工当りの工具押込み量（図1.5のΔr，Δz）が転造における

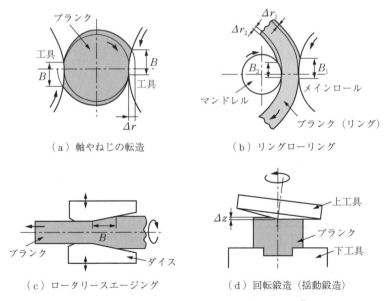

(a) 軸やねじの転造　　　　(b) リングローリング

(c) ロータリースエージング　　(d) 回転鍛造（揺動鍛造）

図1.5 加工中のブランクと工具の接触状況例[6]

最も重要な加工条件因子となる.

丸棒の回転成形における変形と接触域形状を図1.2に模式的に示したが, 一般に棒状ブランクを工具間で挟んで半径方向に圧下すると円周方向にも変形して, 直径断面形状は複雑な形となる. 例えば, 丸棒の二次元横据込みでは, **図1.6**[20](a)のように垂直に圧下したとき接触幅は圧下軸に対して対称に広がり, 膨らんでくるが, 接線力が加わって回転を始めると図(b)のように接触幅の中心に対する比が変わって一方に偏ってくるようになり, 条件によっては図(c)のようになって回転する. 通常の丸棒の回転成形においては図(c)のようになると考えられており, ブランクが回転しながら工具との接触を開始する側 (入側) のみに b_1 の接触幅をもつと解釈されている. 直径断面形状も複雑になるが, 圧下軸上に中心をもち形が円弧状に広がるとすると, ブランク直径を d_0, 圧下量を Δy としたとき, 図(c)の接触幅 b_1 は幾何学的に

$$b_1 = \sqrt{(d_0 - \Delta y)\Delta y} \approx \sqrt{d_0 \Delta y} \tag{1.1}$$

で与えられる. あるいは, 圧下率 R_0 を

$$R_0 = \frac{2\Delta y}{d_0} \tag{1.2}$$

で与えれば, 式(1.1)の接触幅 b_1 は式(1.3)で与えられる.

$$\frac{b_1}{d_0} = \sqrt{\frac{R_0}{2}} \tag{1.3}$$

しかし, 実際の転造では, 成形を終了してブランクが工具から離れる側 (出

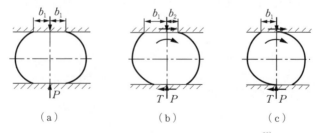

図1.6 丸棒の回転圧縮における接触域形状 [20]

側)でも b_2 の接触が観察されるのが普通である.**図1.7**に丸棒の静的圧縮(横据込み)と回転圧縮における圧下率 R_0 に対する接触幅 B $(B=b_1+b_2)$ の測定例[20]を示すが,接触幅 B の近似式[21]が式(1.4),(1.5)で与えられている.

$$\frac{B}{d_0} = (1.54 - 0.3\,m)R_0^{0.56} \qquad (R_0 < 0.05 \text{ の場合}) \quad (1.4)$$

$$\frac{B}{d_0} = 2.15\,R_0 + 0.18 - 0.035\,m - 0.02\,m^2 \quad (R_0 > 0.05 \text{ の場合}) \quad (1.5)$$

m は接触面の摩擦状態を表す因子で,静的横据込みの場合では $m=0$,回転圧縮で形状がゆがむ場合では $m>0$ で,一般には $m=1$ とすればよい[21].

材料を剛塑性体として計算すると,圧下率 R_0 が2.5%に達すると図1.2のように丸棒の中心Oまで塑性変形が及ぶ[22].しかし,弾塑性体

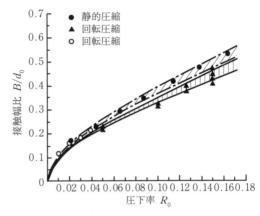

図1.7 接触幅 B/d_0 と圧下率 R_0 の関係[20]

で加工硬化する一般材料では,塑性変形領域の広がりはそれほど単純ではないと思われる.ねじ転造でも,直径断面の変形が精度に影響するという主張もある.圧下量 Δy を小さくすると,B が小さくなって表面層のみの変形となるから,加工の終了段階で B を小さくして矯正作業や表面仕上げの向上を工程中に組み込むことができる.なお,表面層のみの変形がバニシング(バニシ作業)である.

このように,回転方向の接触幅 B は直径断面の変形を支配する重要なパラメーターで,B が大きいと加工力は大きく圧力は下がるが,B が小さいと圧力は高く集中的となる.

図1.6のような平面工具ではなく，図1.8に示すように，直径 D のローラー（丸ダイス）で直径 d_0 のブランクを半径方向に Δy だけ圧下する場合の接触幅 b_1 は

$$b_1 = \frac{\sqrt{Dd_0(D+d_0-\Delta y)\Delta y - (D+d_0-\Delta y)^2(\Delta y)^2}}{D+d_0-2\Delta y}$$

$$= \sqrt{d_0 \Delta y} \frac{\sqrt{\left(1+\frac{d_0}{D}-\frac{\Delta y}{D}\right) - \left(1+\frac{d_0}{D}-\frac{\Delta y}{D}\right)^2 \frac{\Delta y}{d_0}}}{1+\frac{d_0}{D}-2\frac{\Delta y}{D}} \quad (1.6)$$

のように記述できる[23]が，無限級数に展開すれば

$$b_1 = \sqrt{d_0 \Delta y} \left[1 - \frac{1}{2}\frac{d_0}{D} - \frac{1}{2}\frac{\Delta y}{d_0} + \frac{\Delta y}{D} - \frac{3}{8}\left(\frac{d_0}{D}\right)^2 + \cdots\right] \quad (1.7)$$

と表すことができて，この式の第1項のみをとれば平ダイスに対する近似式(1.1)と一致するので，第2項以降は丸ダイスの場合の補正項を表すことになるが，ねじ径がダイス直径に対して十分に小さくない場合には，式の取扱いに一考を要する[23]．

一方，従来は前述のように幾何学的には少なくとも b_1 しか求められないので，ねじ転造などにおいては図1.6（c）のようにブランクが工具と接触する

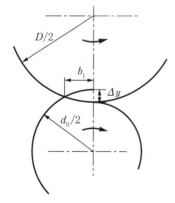

図1.8 転造丸ダイスによる接触幅 b_1 と圧下量 Δy

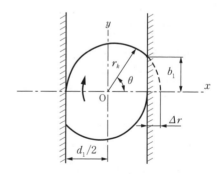

図1.9 平ダイスねじ転造における接触幅 b_1 と圧下量 Δr

側（入側）のみに b_1 の接触幅をもつと解釈されていた．しかし，転造を動的な成形過程と考えることによって，剛塑性体においてもブランクが工具から離れる側（出側）における接触域を考えることができる．

例えば，**図1.9** に示すような平面工具（平ダイス）による転造を考えるとき，一般の転造過程では実質の工具間距離は一定ではなく，ブランクの回転に伴って徐々に接近する．すなわち，ブランク1/2回転当りの工具の接近量を $2\Delta r$ とし，図1.9のように点Oを原点として xy 座標をとるとき，ブランクの半径が $d_1/2$ となった後のブランク表面の原点からの距離 r_k は

$$r_k = \sqrt{x^2 + y^2} = \frac{d_1}{2} + \Delta r \left(1 - \frac{\theta}{\pi}\right) \qquad (0 \leq \theta \leq \pi) \tag{1.8}$$

で与えられ，このとき

$$x = r_k \cos\theta = \frac{d_1}{2}\left[1 + \frac{2\Delta r}{d_1}\left(1 - \frac{\theta}{\pi}\right)\right]\cos\theta \geq \frac{d_1}{2} \qquad \left(0 \leq \theta \leq \frac{\pi}{2}\right) \tag{1.9}$$

であれば図1.9の右側の平ダイスと接触することになり，入側の接触長さの b_1 を与える．これに対して

$$x = r_k \cos\theta = \frac{d_1}{2}\left[1 + \frac{2\Delta r}{d_1}\left(1 - \frac{\theta}{\pi}\right)\right]\cos\theta \leq -\frac{d_1}{2} \qquad \left(\frac{\pi}{2} \leq \theta \leq \pi\right) \tag{1.10}$$

となる点が存在すれば，左側の平ダイスと接触することになり，出側の接触域（図1.6（b）の b_2）を与えることになるが，$2\Delta r/d_1$ の値が大きくなれば出側にも接触域が現れることは容易に確認できる．

1.3.2 スピニングの変形の特徴

スピニングは板状ブランクや管状ブランクの回転成形であるから，ただローラー工具を押し付けるだけではなく，例えば，図1.4の（g）においてローラーを rz 面内でAからBまで移動させて，材料を最終形状まで流していくのが転造とは異なっており，また，この加工技術の難しいところである．

板材はローラーとの瞬間的な接触のためにしわが発生したり，また成形途中で壁部が破断したりする．しわや破断によって成形限界が決められるのはプレス加工と同じであるが，興味あることにこれらを避けて成功裡に加工を行うためのローラーの移動原則の一つに，転造で扱った Δy（ないし Δr）に相当するローラーの移動速度 v〔mm/rev〕（ローラーの個数が n 個の場合は，ローラーの実質送り速度 v/n）が，重要な加工条件因子として含まれていることである．これは回転成形の共通の特徴としてあげられる．

図1.3の軸方向流れの範囲に管材の壁厚を薄くして軸方向に延伸し，遠心分離筒などの薄肉管を作るスピニングの一種の回転しごき加工が示されているが，接触形態でいえば L/B <1が望ましいことになる．しかし，**図1.10**[4)]の左側の曲線でみられるように，L/B は壁厚減少率 R_0（$=(t_0-t)/t_0$）と送り速度 v の選び方で異なることがわかる．しかも，右側に示した円周方向ひずみ ε_θ を矢印に従って対比すると，$L/B>1$ の場合は ε_θ が大きくなって製品

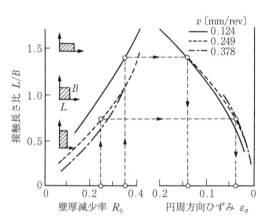

図1.10 回転しごき加工の接触形態と精度 [4)]

直径は膨らんでマンドレルから浮き上がり，逆に $L/B<1$ の場合は ε_θ が小さく管がマンドレルに密着した状態で加工される．すなわち，壁厚減少率 R_0 と送り速度 v の選び方が製品精度に直接影響することになる．

さらに，もう一つ理解しておくべきことは，ローラーが現在加工している部分だけが変形しているのではなく，ローラーの周辺のかなり広い範囲に変形が及び，加工力や変形形態に複雑な影響をもたらしていることである．これは回転成形全体に共通ではあるが，特にシェル体の加工で著しく，一つの大きな特徴である．

1.4　回転成形の利点

　新たに回転成形を採用するときの参考に，回転成形の概括的な特長[4),6),24)]をまとめると，以下のようになる．

（1）　回転成形は局部的な変形の繰返しであるから，他の加工法より加工力が小さく，加工機械が小型化できる．また，一つの装置で融通性をもたせることもできる．他の加工法に比べて設備費が少なくてよい．

（2）　加工力が小さいことに加えて転がり接触であるから，工具構造は簡単でよい．また，一加工当りのすべり量が小さいために，焼付きや摩耗が少ないので，工具破損が少なく工具寿命が長い．

（3）　転造では一般に生産性が高く，連続生産が可能である．大量生産が行える．

（4）　断面形状を創成するスピニングでは，他の加工ではできないいろいろな形状を創成できるので融通性があるが，若干の加工時間を要する．総合してスピニングは多種少量生産に向いている．

（5）　自動化，連続化しやすいのでコンピューターを援用した専用機として，中・大量生産に対応できるように高速化，マルチローラー化が可能である．また，フレキシブル化も容易である．

（6）　比較的なめらかな転がり接触であるから，他の加工法より衝撃的な打撃音や振動が少なく，作業環境が改善される．

（7）　鍛造のように型全体で同時に形状を規制しないために精度は低いが，工具やマンドレル形状がそのまま転写される場合には，精密な工具を使用してブランク寸法や加工条件を制御すると高い製品精度が得られる．

（8）　局部圧縮変形に伴うバニシング効果のために，平滑な加工面が得られ，表面仕上げ程度が良く研磨を必要としない．研磨する場合でも研磨代を小さくできる．

（9）　回転成形によって連続した繊維組織（ファイバーフロー）が得られる

ので，製品の強度が増し，材質を良好にする．熱処理後の加工や温間加工，加工熱処理などによって材質改善や工程削減が行える．

(10) 材料の利用度，すなわち歩留りがよい．工具設計や製品設計を考慮して最終の製品形状に最も近い素形材を作れるので，材料節約が可能となる．

(11) 工具の圧力に耐える適当な潤滑剤や冷却剤を必要とするが，転がり接触のために工具とブランクの界面に潤滑剤を導入しやすく，かつ回転中に狭い領域に供給が可能である．また，転造ではある程度の摩擦が必要であるため，潤滑剤の選定はあまり面倒ではない．

(12) 工具とブランクの接触域が小さいため，熱間加工においても工具の温度上昇およびブランクの温度低下が制御しやすい．

(13) 圧縮変形が主体のために，バルク体（塊状体）の加工においては加工中の材料割れが発生する危険性は低い．ただし，材料内部の不均一応力と変形に起因する回転成形特有の割れ（例えば，中実材の転造における中心部割れ）を生じることがある．

(14) 加工中のブランク表面の大部分は自由表面で工具による幾何学的拘束が弱く，ブランクの断面形状と輪郭形状の崩れを生じる可能性があるが，一加工当りの工具押込み量をはじめとする加工条件の適切な選定によって抑制できる．

引用・参考文献

1) 「回転成形」特集号，塑性と加工，**10**-105 (1969)，699-764.
2) 益田亮：塑性と加工，**18**-196 (1977)，327-328.
3) 綜合鋳物センター：先端金属材料・加工技術調査報告書 (V)，(1983)，46-47.
4) 日本塑性加工学会編：回転加工，塑性加工技術シリーズ 11，(1990)，コロナ社．
5) 日本塑性加工学会編：塑性加工用語辞典，(1998)，コロナ社．
6) 日本塑性加工学会編：塑性加工便覧，(2006)，コロナ社．

7) Hayama, M. & Kawai, K.: Advanced Technology of Plasticity 1984, **1** (1984), 391-400.
8) 葉山益次郎：塑性と加工, **31**-356 (1990), 1087-1092.
9) 葉山益次郎：塑性と加工, **30**-345 (1989), 1352-1360.
10) 塚本顕彦：塑性と加工, **30**-345 (1989), 1367-1373.
11) 平井幸男・久保勝司：塑性と加工, **30**-345 (1989), 1361-1366.
12) 葉山益次郎・工藤洋明・金洙淵：塑性と加工, **24**-266 (1983), 254-261.
13) 日本塑性加工学会編：スピニング加工技術, (1984), 日刊工業新聞社.
14) Packham, C.L.: Metall. Metal Form., **55**-4 (1978), 441-445.
15) 馬場惇：塑性と加工, **29**-324 (1988), 13-20.
16) Pollitt, D.: Sheet Metal Ind., **72**-4 (1995), 31-32.
17) 塚本顕彦：塑性と加工, **40**-458 (1999), 222-228.
18) Kawai, K., Koyama, H., Kamei, T. & Kim, W.: Key Eng. Mater., **344** (2007), 947-953.
19) Богявленский, К. Н. и Елкин, Н. М.: Кузнеч. -Штамп. Произв., 7 (1986), 22-25.
20) 葉山益次郎・酒匂雅隆：塑性と加工, **15**-157 (1974), 141-146.
21) 葉山益次郎：塑性と加工, **17**-189 (1976), 797-804.
22) 葉山益次郎：回転塑性加工学, (1981), 64-68, 近代編集社.
23) 山本晃：東京工業大学学報, Ser. A, No. 1 (1957), 1-97.
24) Kawai, K. & Hayama, M.: Int. J. Mach. Tools Manufact., **29**-1 (1989), 79-87.

2 ねじ転造

2.1 概　　説

　ねじ転造は，塑性変形によってねじ山を成形するねじ加工法の一つである．

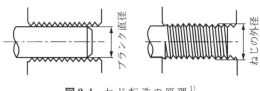

図2.1 ねじ転造の原理[1]

図 2.1[1]のように円筒形のねじブランク（ねじ素材）に転造ダイスを押付けながら転がすと，ダイス面に設けてあるねじ山によってブランク表面が塑性変形し，ねじ山が成形される．転造ダイスのねじ山がブランクに食い込んで谷が成形され，押しのけられた材料が半径方向に盛り上げられて山が成形される．

　おねじ転造は，1851年に平ダイスねじ転造盤がイギリスで設計され，実用的なねじ加工法として用いられて以来，165年以上の歴史をもつが，精密ねじが転造によって作られるようになったのは，1938年にドイツで油圧式丸ダイスねじ転造盤が開発されてからである．わが国では，1919年に平ダイス転造盤が輸入されてからねじ転造が始まったが，精密ねじの転造に関しては1945年頃から研究が始められ，1965年には平ダイスおよび丸ダイスのJISが制定されている．現在では，汎用ねじ部品のおねじはほとんど転造によって加工されている．

　めねじ転造は，現在のところ大径のめねじの加工に一部用いられている．盛

上げタップによるめねじの塑性加工は,工具とブランクがすべり接触するので一般の転造とは異なるが,盛上げタップが回転しながらねじ山を成形するので転造の特殊な場合として取り扱う.さらに,おねじ自身でめねじを塑性変形によって成形し,締め付けるスレッドローリングねじ(スレッドフォーミングねじともいう)も欧米を中心として自動車部品の締付けに用いられるようになってきている.

ねじ転造は,(1)高精度(ブランクおよび工具の精度管理によって現用ねじ部品の最高精度が容易に確保できる.),(2)高強度(ファイバーフローが連続してねじ谷底の加工硬化と圧縮残留応力の生成があり,転造ねじの静的強度も疲労強度も切削ねじより増大する.)および(3)経済性(ボルト頭部の圧造と同期生産されるねじ部の転造は生産性が高く,加工くずも出さないので経済的である.)等の特徴があり[2],ねじ部品のねじ部を転造によって成形する場合には,**図2.2**のような要検討項目[3]がある.

図2.2の製品仕様(a)は,最終的に完成したねじ部品に要求される仕様であり,これを満足する

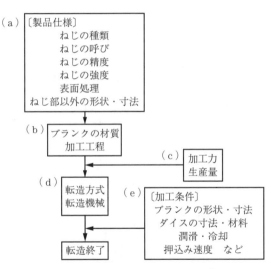

図2.2 ねじ転造で考慮する項目[3]

とともに経済的な生産を行うためには,図中の(b)から(e)の項目についての検討が必要である.ねじ部品の強度の要求を確保するためには,転造径まで軸部を絞るなどの前加工,ねじ転造の前あるいはねじ転造の後に熱処理するかなどの加工工程を含めてブランク(転造素材)の選定(b)を行う.選定したブランク(転造素材)の機械的性質,ねじのサイズなどから加工力(c)

を検討する．これと製品仕様（a）のねじの精度，ねじ部以外の形状・寸法，さらに生産量（c）などを加味して転造方式と転造機械（d）を検討し，またダイスの寸法・材質，押込み速度，潤滑などの加工条件（e）を検討する．

2.2 加工機械

2.2.1 転造方式の分類

おねじの転造方式は種々考案されているが，代表的な転造方式を**表2.1**[3]に示す．転造に用いるダイスの種類から分類すると，1対の平ダイスを使用する方式（1），2～3個の丸ダイスを用いる方式（2）～（6），1対のセグメントダイスと丸ダイスを用いる方式（7）になる．駆動方式は，ダイスを駆動する方式（1）～（3），（5），（7）とブランクを駆動する方式（4），（6）などに分けられ，前者は専用のねじ転造盤によって，後者は旋盤等にねじ転造アタッチメント（ねじ転造装置）あるいはねじ転造ヘッドを取り付けて転造する．この

表2.1 おねじの代表的な転造方式 [3]

ダイスの種類	図 示	ダイス（素材）の駆動方法	押込み方法	適用機械
2平ダイス	（1） 平ダイス／v／ブランク／$V_1=0$／平ダイス／V_2	ダイスの往復運動	ダイス形状（両ダイス間の幾何学的隙間）	平ダイス転造盤
2丸ダイス	（2） 製品ねじ／$w=0$／丸ダイス／仕上り位置の丸ダイス／V_1／V_2	ダイスの回転運動	油圧またはカムによるダイス接近	回転軸移動2丸ダイス転造盤
	（3） フィーダー／ブランク／丸ダイス／V_1／v／V_2	ダイスの回転運動	フィーダーによるブランクの押込み	回転軸固定差速式転造盤
	（4） 製品ねじ／仕上り位置の丸ダイス	ブランクの回転運動	ブランクの接線方向からダイス押込み	転造アタッチメント付き旋盤／バーマシン

表2.1 (つづき)

ダイスの種類	図示	ダイス（素材）の駆動方法	押込み方法	適用機械
3丸ダイス	（5）製品ねじ／仕上り位置の丸ダイス	ダイスの回転運動	油圧またはカムによるダイス接近	回転軸移動3丸ダイス転造盤
	（6）丸ダイス／ブランク／丸ダイス	ブランクの回転運動または転造ヘッドの回転運動	ブランクの軸方向からダイス押込み	転造ヘッド付き旋盤／バーマシン
セグメントダイスと丸ダイス	（7）製品ねじ／セグメントダイス／丸ダイス V_2 $V_1=0$ v	丸ダイスの回転運動	ダイス形状（両ダイス間の幾何学的隙間）	プラネタリー転造盤

ほかに，被加工物の軸方向移動の有無によってインフィード転造（押付け転造）とスルーフィード転造（通し転造），また丸ダイス転造におけるダイスのブランクに対する相対運動によって，半径方向転造と接線方向転造などに分けられる．

表2.2 ねじ転造盤の生産速度[2]

呼び径	インフィード転造〔個/分〕			スルーフィード転造〔m/min〕		
	プラネタリー転造	平ダイス転造	丸ダイス転造	丸ダイス転造		
				平行軸	傾斜軸	
M 3	450〜1800	60〜300	20〜250	0.5〜1.0	3.5〜7.0	
M 5	350〜1500	70〜400	20〜225	0.5〜1.0	4.0〜8.0	
M 6	250〜1200	60〜350	20〜200	0.5〜1.0	5.0〜10.0	
M 8	200〜600	60〜300	15〜180	0.6〜1.2	4.0〜8.0	
M 10	150〜500	60〜250	15〜160	0.6〜1.2	3.0〜6.5	
M 12	100〜400	60〜200	15〜140	0.6〜1.4	2.5〜6.0	
M 16		50〜160	10〜120	0.7〜1.8	2.3〜7.0	
M 20		40〜125	10〜100	0.6〜1.6	2.0〜7.5	
M 24		30〜70	8〜80	0.5〜1.2	1.8〜5.7	
M 36			6〜60	0.4〜0.8	1.3〜3.3	
M 52			4〜40	0.2〜0.5	0.7〜2.0	
M 62			4〜25	0.15〜0.4	0.5〜1.2	
M 76			2〜15	0.1〜0.25	0.4〜1.0	
M 90			1〜10	0.05〜0.13	0.25〜0.6	
M 100			1〜5	0.02〜0.08	0.1〜0.25	

各種ねじ転造盤の生産速度は，ねじ部品の形状・寸法・ブランクの材質などの影響と，ブランクの供給方法によって異なるが，低炭素鋼材の場合，おおよそ**表2.2**[2)]のようである．

各転造方式にはそれぞれの特徴があり，ねじ部品の製品仕様，生産量などを考慮して適応した転造方式が選定されている．

2.2.2 ねじ転造盤と転造装置

〔1〕 平ダイスねじ転造盤

平ダイスねじ転造盤は**図2.3**[4)]に示すように，1対の平ダイスの一方を固定し，他方を平行往復運動させる（表2.1の（1）参照）．ブランクはホッパーによって自動的に固定ダイスの一端に供給され，移動ダイスの速度の1/2の速度で固定ダイス上を転がりながら移動して固定ダイスの他端から製品として排出される，きわめて簡単で生産性のよい転造法である．M1～M20の範囲の各種ねじ部品の量産転造に適しており，タッピンねじのような複雑な形状のねじ転造に対して他の方式の追随を許さない．

図2.3 平ダイスねじ転造盤[4)]

この方式は固定ダイスと移動ダイスの幾何学的な隙間を利用してねじを転造するので，ねじの精度，ねじ山の盛上がり過程，ダイス寿命などは，ダイスの転造盤への取付け状態が大きく影響する．通常，ブランクがダイスに食い付いてから約1回転のうちに完全ねじ山の1/2～2/3が急激に成形され，その後の転がりでねじ山を修正するようにダイスを設定している．ブランクの転がり数を多くすれば転造ダイスに作用する転造力は少なくて済み，転造されたねじの真円度はよくなるが，表層部が繰返し塑性変形を受けることによりねじ山ブラ

ンクの表層剝離を生じやすくなる．また，総転がり数が少ない方が，ねじ山のファイバーフローが良好であるが，ダイスに作用する転造力が大きくなってダイス寿命を短くする．平ダイスにおける通常のブランク転がり数は5～8とされているが，ブランクの硬さによって転がり数を決定し，ダイス長さを決める必要がある．なお，転造盤への平ダイスの取付けはほとんどの場合，経験者の勘に頼って，何度かの試し転造を行って決定されている．

〔2〕 丸ダイスねじ転造盤

丸ダイスねじ転造盤には，転造中にブランクが一定位置にあって，2～3個の丸ダイスの回転軸が接近しながら転造する方法と，1～2個のダイスの回転軸は移動せずにブランクが移動しながら転造する方式がある．

丸ダイスねじ転造盤の中で最も広く使用されているのは，図 2.4[4]に示すような2丸ダイス転造盤（表 2.1の（2）参照）であり，一方のダイスの回転軸を固定し他方のダイスの回転軸を油圧，カム機構または数値制御装置を用いたサーボモーターによって移動させる方法と，両方のダイスをブランクの中心に向かって半径方向に移動させる方法と

図 2.4 丸ダイスねじ転造盤[4]

がある．一方のダイスの回転軸を固定する場合，ブランクは移動丸ダイスによる押込み中にワークレスト（支持刃ともいう）上で半径方向に動く必要があるが，両ダイスが同期して接近する場合にはブランクの中心位置は不動である．

なお，転造中にブランクが浮き上がるのを防止するため，ブランクの中心がダイスの中心軸の面よりわずかに下方となるように，ワークレストの高さを調整する必要があるが，ブランクの形状によっては両センターや回転ブッシュタイプの支持装置を用いる場合もある．この方式は，両方のダイスが相互に歯車で連結され，同方向に同じ周速で回転するので，ブランクはワークレスト上で

転造が完了し，ねじブランクのすべりが少ないために，ねじ山のフランク面の重なりの発生を少なくすることができる．

ブランクの供給は，ダイスの移動に同期させた複雑な機能をもつ自動供給装置が必要となり，生産性はよくないが，油圧式2丸ダイス転造盤では油圧および転造時間を任意に調整できるので，広範囲のねじ寸法および材質に適用することができて，高精度の多種生産には最も適している．

ダイスの回転軸を移動させないで生産性を上げる転造方式として，表2.1の(3)の差速式ねじ転造盤がある．差速式ねじ転造盤では同方向に回転する2個の丸ダイスの周速 V_1, V_2 が異なり，ブランクは $(V_1-V_2)/2$ の速度でフィーダーによって接線方向に送り込まれ，両ダイスの最狭部を通過すると同時に転造が終了し，油圧式転造盤よりはるかに生産性が高い．

表2.1の(5)の3丸ダイス転造盤は，回転する3個の丸ダイスをカムまたは油圧でブランクに押込むことによって転造する．すべてのダイスが半径方向に移動する場合はブランクの位置は転造中に動かないが，1個または2個のダイスの回転軸が固定の3丸ダイスねじ転造盤ではブランクが転造中に半径方向に移動する．3丸ダイス転造盤では，ワークレスト（支持刃）を必要としないのでブランクの把握が確実であり，直径に比較して長さが短いねじの転造も安定して行え，特に中空部品にねじを転造する際に転造力（半径力）が3方向に分散して肉厚の薄いものでも真円度を害することなく転造できる．一方，幾何学的な干渉により，実用的には6mm以下の小さな直径のねじの転造はほとんど行われていない．

表2.1の(2)および(5)の丸ダイスねじ転造で，ねじ転造ダイスのリード角とブランクのリード角が一致している場合，転造中にブランクの軸方向移動（歩きと呼ぶこともある）はなく，このような転造方式をインフィード転造（プランジ転造，押付け転造ともいう）と呼んでいる．一方，ダイスのリード角とブランクのリード角に差がある場合には転造中にブランクは軸方向に移動し，この現象を積極的に利用すると，ダイス幅より長い製品を転造することができ，この転造方式をスルーフィード転造（通し転造ともいう）と呼んでおり，

ボールねじ，送りねじおよびウォームのような長尺のねじ部品が転造できる．

スルーフィード転造は，ダイスの主軸（固定軸）を平行で行う方法と，たがいに傾斜させて行う方法とがあるが，ダイスの主軸を傾斜させる方法ではダイスとブランクの接触部におけるリード角が一致するので転造に無理がなく，ダイスのリード角とブランクのリード角の差を大きくすることができ，リードのないダイス（環状工具のダイス）を使用することも可能である．

〔3〕 プラネタリーねじ転造盤

プラネタリーねじ転造盤は，**図 2.5**[4)]に示すように固定されたセグメントダイスと，固定軸のまわりに回転する丸ダイス間をブランクが遊星運動しながら通過する間にねじを転造し，ロータリー式転造盤と呼ぶこともある．平ダイス転造盤の往復運動を回転運動に置き換えたものであり，本質的には平ダイスの転造方式と変わりないが，表2.1の（7）に示すように同時に複数個のブランクを転造できるとともに，複数個のセグメン

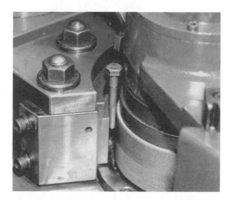

図 2.5 プラネタリーねじ転造盤[4)]

トダイスを配置することも可能であり，表2.2に示すようにその生産速度は現用の各種転造盤の中で最高である．プラネタリー転造盤の生産速度の限界は，転造速度よりもむしろブランクの供給能力に依存している．

ブランクは，丸ダイスの周速の1/2の速度でセグメントダイス間を転がりながら移動するが，セグメントダイス側と丸ダイス側とでねじブランクの変形量が異なるので，丸ダイスの直径はブランク直径に対して十分に大きくする必要がある．セグメントダイスの中心を丸ダイスの中心から若干ずらすことによってダイスねじ山のブランクへの押込み量を調整でき，平ダイス転造と同様にねじの精度，ねじ山の盛上がり過程の調整を行う．

〔4〕 **ねじ転造アタッチメントおよびねじ転造ヘッド**

　汎用の小ねじ，ボルトなどのねじ部品のねじ部は専用のねじ転造盤で加工されるが，長い軸の一部にねじ部を成形する場合のように，ねじ部に比較してねじ以外の部分が大きい部品の転造は，**図 2.6**[5]に示すねじ転造アタッチメント（ねじ転造装置ともいう）や**図 2.7**[5]に示すねじ転造ヘッドを旋盤等に取り付けて行う．

図 2.6 ねじ転造アタッチメント[5]
（オーエスジー株式会社）

図 2.7 ねじ転造ヘッド[5]
（オーエスジー株式会社）

　ねじ転造アタッチメントは，旋盤またはバーマシンの主軸台によって回転するブランクに対して，クロススライド上に設置する．図 2.6 は 2 丸ダイス式のねじ転造アタッチメントの例であるが，種々のねじ転造アタッチメントがある．

　図 2.8[6]は半径方向転造アタッチメントによるねじ転造の例を示しており，図（a）のように 1 個の丸ダイス（ねじロールともいう）を使用する場合は，ブランクの中心に向かって片側から半径方向に押付けられてブランクとともにダイスが回転することによってねじを成形する．また，図（b）のように 2 個の丸ダイスを使用する場合は，2 個の丸ダイスの軸を結ぶ線がブランク中心を通過する位置においてトグル機構によって近似的に半径方向にブランクに対して接近し，ブランクとの接触とともにダイスが回転してねじを転造する．

　一方，**図 2.9**[6]は接線方向転造アタッチメントによるねじ転造の例で，丸ダイスの軸がブランクの中心に対向するときに，ダイスのねじ山のピッチ線がブランクの表面に接するような経路に沿って丸ダイスを移動させる．1 個または

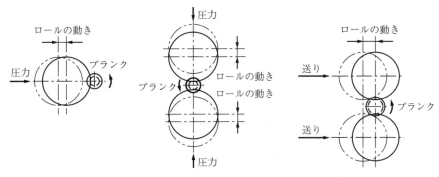

(a) 1ロールアタッチメント　(b) 2ロールアタッチメント
図2.8　半径方向転造アタッチメントによる転造[6]

図2.9　接線方向転造アタッチメントによる転造[6]

2個の丸ダイスによる接線方向転造が可能であるが，図2.9に示すような2丸ダイス方式の接線方向転造アタッチメントが一般的である．転造アタッチメントによるねじ転造では，他の機械加工と同等の主軸回転速度で加工できるので，ねじ転造のために主軸回転速度を変更する必要はない．

これに対して，図2.7に示したねじ転造ヘッドは，軸端部にねじを転造する際に使用する．転造ヘッドを回転する主軸台に設置する場合には，ブランクは主軸台に向かって移動するスライド上に固定するが，バーマシンの刃物台上に転造ヘッドを設置する場合には，バーマシンでチャッキングされた回転するブランクに向かって転造ヘッドが移動する．丸ダイス（ねじロール）の個数は，2個または3個で，2個の場合は小径のブランクに対して使用されるが，5個のダイスを使用するものもある．

図2.10[5]に3個の丸ダイスを用いるねじ転造ヘッドのダイスの配置例を，また図2.11[5]にその転造過程を示す．転造ダイスはリードのない環状溝をもつそろばん玉状のもので，ねじ山の位相を1/3ピッチずつずらしたA, BおよびCの3個のダイスをブランク軸に対して製品のリード角だけ傾けてヘッドに装着すれば，スルーフィード転造（通し転造）によって所望のねじを転造できる．

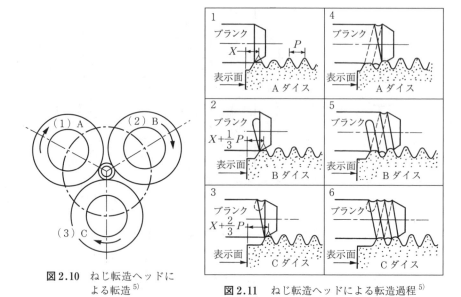

図2.10 ねじ転造ヘッドによる転造[5]

図2.11 ねじ転造ヘッドによる転造過程[5]

2.2.3 ねじ転造ダイス

　ねじ転造ダイスには，2.2.1項および2.2.2項で示したように平ダイス，丸ダイス，セグメントダイス，およびねじ転造アタッチメントとねじ転造ヘッドに装着する丸ダイス（ねじロール）があり，このうち量産に広く用いられている平ダイスと丸ダイスについてはJISが制定されている．

　平ダイスには，図2.12[3]のように，片面だけにねじ山をもつ片面ダイスと両面にねじ山をもつ両面ダイスがある．JIS B 4502（ねじ転造平ダイス）では，呼び径2～24 mmのねじに対して，ダイスの外形・寸法，ねじ部の精度，材質などが規定されている．図2.12の1対の平ダイスで，移動ダイスは固定ダイスより長く，固定ダイスには食付き部と逃げ部が設けられている．JISではダイスの長さL_mおよびL_sをブランクの転がり数が約5～8になるように決めており，高さHは転造されるねじ部長さの2倍に3ピッチ分の長さを加算した値を標準としている．したがって，両面ダイスではダイスのねじ山が摩耗した場合などに，ダイスの取付けを変えることによって上・下，表・裏の4回使用

2.2 加工機械

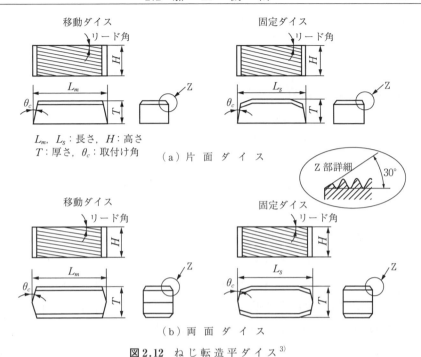

図 2.12 ねじ転造平ダイス[3]

できる.

JIS B 4501（ねじ転造丸ダイス）では，ねじの呼び径 2～68 mm を対象として図 2.13[3] に示す部分の寸法，ねじの精度，材質などを規定している．

転造ダイスと製品ねじのリード角が一致しない場合は，転造中にブランクが軸方向に移動してしまう．この「歩き」と呼ばれる現象を積極的に利用してダ

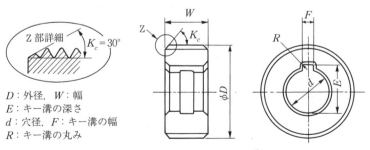

図 2.13 ねじ転造丸ダイス[3]

イスの幅より長いねじを転造するのが，2.2.2項〔2〕で述べたスルーフィード転造（通し転造）である．ダイスの有効径を D_2，ダイスのリード角を φ，製品のリード角を φ' とするとき，ダイス1回転当りの素材の歩き長さ（軸方向移動量）χ は式（2.1）で与えられる．

$$\chi = \pi D_2 (\tan\varphi' - \tan\varphi) \tag{2.1}$$

丸ダイスの回転軸が平行である場合には，ダイスとブランクの接触部においてリード角が一致しないので φ' と φ の差をあまり大きくとれないが，ダイスの回転軸を傾斜させて接触部におけるリード角を一致させると，無理なく φ' と φ の差を大きくとれる．なお，スルーフィード転造用の丸ダイスには入口と出口側にブランクの侵入と排出が容易で，同時にダイスに急激な力が作用しないようにテーパーが付けられている．

転造ダイスの材料は，一般に転造時の発熱と摩耗を考慮して合金工具鋼のSKD 11，SKD 12またはその相当材が使用され，通常，58 HRC～65 HRCの硬さに熱処理される．加工硬化の著しい材料や転造条件が過酷な場合には，高速度鋼のSKH 51またはその相当材が使用されている．

転造ダイスの寿命は，図 **2.14**[6] に示すようにブランクの硬さが硬いほど短

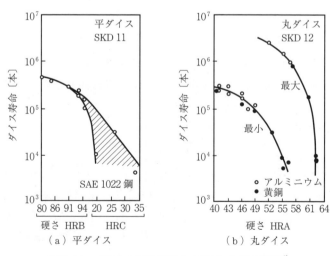

図 **2.14** ブランク硬さがダイス寿命に及ぼす影響[6]

くなる．図(a)でSAE 1022鋼製の1/4-20 UNCねじを転造する場合，94 HRBより硬いブランクについてはダイス寿命が短く，ばらつきが大きくなる．また，約32 HRCのブランク硬さが正常な転造に対する限界となり，この結果に基づいて，一般に32 HRC以下のブランクの転造が推奨されている．転造ダイスの寿命は加工方式によっても異なり，プラネタリー転造の場合はダイスに急激な力が作用しないので，他の転造方式のダイスより寿命が長い．なお，ダイス寿命は，ピッチ合せなどのダイスの転造盤への取付け状態，転造速度や転造圧力などの転造条件によって大きく変動する．

2.2.4 薄肉部品の転造

薄肉中空部品へのねじ転造は，必ずしも一般的ではない．転造工具によって中空部材の外周から転造力が加わるために，部材が座屈したり，部材の断面全体が塑性変形を生じたり，あるいは工具の押込みによって局所的に部材の内面が沈下したりするから，転造条件に制限を生ずることが大きな理由である．

転造力をなるべく小さくするために，徐々に押込みを行い，ゆっくり転造すれば薄肉管でも成形が可能である．したがって，形状によって押込み量が規制される平ダイス転造盤では成形が難しく，油圧により押込み量が制御できる油圧転造盤ないしは数値制御方式の転造盤で転造するのがよいが，転造中のブランクの安定した運動を確保するには，2.2.2項〔2〕で述べたように3丸ダイス転造盤，ならびに3個のロールを使用するねじ転造ヘッドが適している．

管状ブランクの壁厚が最終製品としてねじ転造するには薄すぎる場合には，中実ブランクまたは厚肉の管状ブランクにねじ転造を行い，二次加工として所望の厚さまで機械加工で穴あけする方法が採用されている．

2.2.5 めねじの塑性加工

めねじの転造は，かなり小さな直径のダイスが必要となり，ダイス寿命およびダイス軸受けの負荷容量などに制限があるが，熱交換機用パイプの内面のスパイラルフィンの成形，管継手のめねじの転造などに利用されている．

図2.15[6]（a）に示すように，管状ブランクの内面を締まりばめ状態のねじマンドレル上に置き，3個ないしは4個の回転する平滑面ダイスでブランク外側から押付けることによって，めねじが転造できる．ブランクとマンドレルが固定されてダイスを保持したダイスヘッドが回転する場合と，ダイスが固定されてブランクとマンドレルが回転する場合とがある．図（a）の場合は，転造後にマンドレルを回転させて製品から外す必要がある．図（b）に示すように，より小さなねじマンドレルまたはダイスと，1個の平滑面ダイスまたは支えロール（バックアップロール）を用いることによっても，めねじが転造できる．

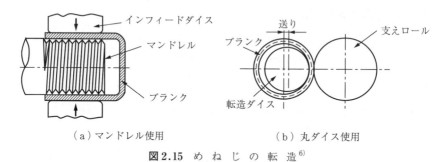

(a) マンドレル使用　　(b) 丸ダイス使用

図2.15　めねじの転造[6]

比較的直径の小さなめねじに対しては，図2.16[3]（a）に示すような断面形状をもつ盛上げタップ（ロールタップともいう）によってめねじの塑性加工が行われている．盛上げタップは切削タップと異なり，切くずを出すことなくめねじを成形するので，ねじ山のマクロなファイバーフローが連続し，ねじ面がなめらかで高精度のねじが加工できる．しかし，タッピングトルクが大きく，

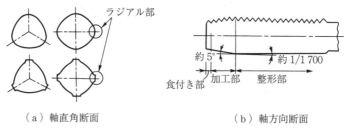

(a) 軸直角断面　　(b) 軸方向断面

図2.16　盛上げタップの断面[3]

延性に富んだ材料の加工に限定される，などの制約もある．盛上げタップによるめねじの成形においては，下穴径のばらつきが製品のめねじの内径では約3倍になるので下穴径管理を十分に行う必要があり，ねじの呼び径dとめねじの内径D_1に対する下穴径D_hの実験式[7]が式（2.2）のように得られている．

$$D_h = 0.5066(D_1 + 0.967d + 0.1) \; [\text{mm}] \tag{2.2}$$

盛上げタップは，図2.16（b）に示すように軸方向にテーパーをもった食付き部，加工部，わずかなバックテーパーをもつ整形部からなっているのが一般的であり，加工中に潤滑剤が途切れないように軸方向に油溝を設けた盛上げタップもある．盛上げタップによる加工トルクは，ねじ山を盛り上げるのに必要な接線力によるトルクと，タップとブランクとの摩擦力によるトルクに分けられ，一般に摩擦力によるトルクの割合は加工トルクの50％以上と考えられている[8),9)]．したがって，潤滑剤と加工速度の選定には十分な注意が必要である．

2.2.6 ねじ転造における潤滑

低炭素鋼および非鉄金属のねじ部品においては，しばしば無潤滑でねじ転造を行うこともあるが，製品の仕上がりを良くし，ダイス寿命を延ばすために冷却を兼ねて十分な潤滑を行うのが一般的である．

冷却のためだけであれば，低濃度の水溶性油（水に対して1/40以下）を含む冷却剤（エマルション）で十分である．表面仕上げに対する要求が厳しいときには，多くの場合，水溶性油の濃度を1/8程度まで高めた冷却剤（エマルション）で十分であるが，より良い結果を得るには鉱油を使用し，難加工材に対しては極圧潤滑剤を使用する．しかし，ほとんどの場合，低粘度の鉱油で十分である．なお，良い潤滑性能をもつことに加えて，選ばれた潤滑剤は毒性がなく，製品にステインを残すような添加剤を含まないものでなければならない．

また，丸ダイスは平ダイスより熱がたまりやすいので，丸ダイス転造の場合は冷却剤を兼ねた潤滑剤の使用が必須である．高強度や高品質のねじ以外の場合は，ダイス寿命を延ばすために水溶性油の冷却剤（エマルション）が使用さ

れるが，3丸ダイス転造盤ではスピンドル油を用いることもある．

これに対して，盛上げタップによるめねじの塑性加工の場合には，2.2.5項で述べたように摩擦力による加工トルクが大きくなるので，ブランクの材質に応じた潤滑剤の選定[3]が重要になる．

2.3 加 工 力

2.3.1 くさび形工具の押込み力

ねじ転造における転造力や転造トルクを評価する際に，くさび形工具の押込みに対する解析手法を利用することが多い．

図2.17は頂角2φのくさび形工具の押込みに対するすべり線場[10]の例であり，図中に定義する角度ψ，λを用いると，ブランク材料のせん断降伏応力kと押込み深さyに対するくさび形工具の押込み力Pは，式(2.3)で与えられる．

$$P = 2ky\frac{(1+2\psi+\sin 2\lambda)\sin\varphi+\cos 2\lambda\cos\varphi}{\cos\varphi-\sqrt{2}\cos\lambda\sin\left(\varphi-\psi-\lambda+\frac{\pi}{4}\right)} \tag{2.3}$$

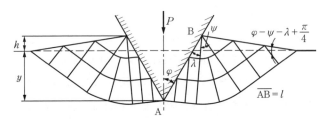

図2.17　くさび形工具押込みに対するすべり線場[10]

図2.17は工具とブランクの間の接触面に摩擦が存在する場合のすべり線場であり，接触面における垂直圧力をp_n，せん断応力をτ_nとするとき，摩擦係数μおよび摩擦せん断係数mは式(2.4)で与えられる．

$$\mu = \frac{\tau_n}{p_n} = \frac{\cos 2\lambda}{1+2\psi+\sin 2\lambda}, \qquad m = \frac{\tau_n}{k} = \cos 2\lambda \tag{2.4}$$

なお，図2.17のすべり線場は，工具とブランクの接触長さを$\overline{AB}=l$とする

とき，つぎのような体積一定条件式と幾何学的関係式を満足する必要がある．

$$l\cos\left(\psi+\lambda-\frac{\pi}{4}\right)-y\cos\left(\varphi-\psi-\lambda+\frac{\pi}{4}\right)=\frac{y\sin\varphi}{\sqrt{2}\cos\lambda} \tag{2.5}$$

$$l\cos\varphi-y=\sqrt{2}\,l\cos\lambda\sin\left(\varphi-\psi-\lambda+\frac{\pi}{4}\right) \tag{2.6}$$

図 2.18 に頂角 2φ のくさび形工具の押込みに対するエネルギー法による（動的可容）速度場[11),12)]を示す．図 2.18 の剛体三角形の角度 α, β, γ および δ に対して，すべり線場の場合と同様に工具とブランクの接触面 $\overline{\mathrm{AB}}=l$ におけるせん断応力を τ_n とすると，くさび形工具の押込み力 P は

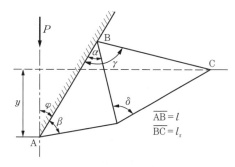

図 2.18 くさび形工具押込みに対するエネルギー法[11),12)]

$$P=2\,kl\left[\frac{\sin\varphi\sin\alpha}{\sin\beta\sin(\alpha+\beta)}+\frac{\sin\varphi\sin(\alpha+\beta-\delta)}{\sin\delta\sin(\alpha+\beta)}+\frac{\sin\varphi\sin(\gamma-\alpha)}{\sin\delta\sin(\gamma-\alpha+\delta)}\right.$$
$$\left.+\frac{\tau_n}{k}\frac{\sin(\varphi+\beta)}{\sin\beta}\right] \tag{2.7}$$

で与えられるが，l, α, β, γ および δ は，式（2.7）の P を最小にするように選ぶ必要がある．なお，このほかに自由表面の長さを $\overline{\mathrm{BC}}=l_s$ するとき，図 2.18 の（動的可容）速度場は，つぎのような体積一定条件式と幾何学的関係式を満足する必要がある．

$$\tan\varphi=\frac{l_s}{y}\sin\gamma\left(\frac{l}{y}-\sec\varphi\right) \tag{2.8}$$

$$l_s=l\frac{\sin\beta\sin\delta}{\sin(\alpha+\beta)\sin(\gamma-\alpha+\delta)} \tag{2.9}$$

図 2.18 の（動的可容）速度場については，押込み力 P を最小にするパラメーターの角度を見出すのは少し複雑であるが，**図 2.19**（a）のようなより簡

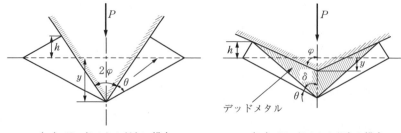

(a) デッドメタルがない場合　　　　(b) デッドメタルがある場合

図 2.19　くさび形工具押込みに対する簡略化されたエネルギー法[8), 13)]

単な（動的可容）速度場[8)]も提案されている．図（a）の頂角 2φ のくさび形工具とブランクの接触面における摩擦せん断係数を m とすると，押込み深さ y に対するくさび形工具の押込み力 P は

$$P = 2ky\left[\frac{\sin\varphi}{\sin\theta\cos(\varphi+\theta)} + m\frac{\sin^2(\varphi+\theta)}{\sin^2\theta}\right] = 2ky\xi, \quad \xi = \frac{P}{2ky} \quad (2.10)$$

で与えられ，ξ は式（2.10）で定義される圧下力関数で，押込み力 P およびその圧下力関数 ξ を最小にする角度 θ は式（2.11）で与えられる．

$$m\sin 2(\varphi+\theta)\cos(\varphi+\theta) + \sin\theta\cos(\varphi+2\theta) = 0 \quad (2.11)$$

なお，図（a）の（動的可容）速度場に対しても，式（2.12）のような体積一定条件式がある．

$$h[\tan(\varphi+\theta) - \tan\varphi] = y\tan\varphi \quad (2.12)$$

くさび形工具の頂角 2φ が大きくなると，くさび直下にデッドメタルが形成されることが想定され，図（b）は頂角 2δ のデッドメタルが形成される場合の，くさび形工具の押込みに対するエネルギー法による（動的可容）速度場[13)]である．この場合の圧下力関数 ξ は

$$\xi = \frac{\tan\varphi}{\sin\theta}\left[\frac{\sin(\theta+\delta)}{\sin\delta} + \frac{y}{h}\frac{\sin\delta}{\sin(\theta+\delta)}\right]\left(1 + \frac{h}{y}\right) \quad (2.13)$$

で与えられ，θ，δ および h/y の値は圧下力関数 ξ を最小にするように選ぶ必要がある．くさび形工具の半頂角 φ に対して，図 2.19 のエネルギー法による（動的可容）速度場から得られる平均押込み圧力

$$p_m = \frac{P}{2(h+y)\tan\varphi} \quad (2.14)$$

および圧下力関数 ξ を最小化した計算結果を**図2.20**[14),15)] に示すが，φ の値が45°近傍の点Bから図2.19（b）に示したデッドメタルを考慮したほうが圧力が低くなるので，BCのような $p_m/2k$ をとることになる．

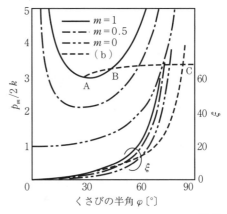

図2.20 エネルギー法による $p_m/2k$ と ξ [14),15)]

2.3.2 ねじ転造力（半径力）

ねじ転造における転造力（半径力）を評価するために，スラブ法を用いた**図2.21**[16)] のようなモデルが提案されている．すなわち，頂角 2φ の理想ねじ山高さ H のくさび形工具をブランクに押込んで，工具とブランクのフランク面における接触部の長さが $l = r_0 - r_i$ になったものとする．

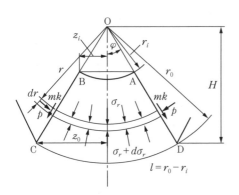

図2.21 ねじ転造における工具押込みに対するスラブ法[16)]

このとき，接触部におけるせん断応力がブランク材料のせん断降伏応力 k と摩擦せん断係数 m（$0 \leq m \leq 1$）を用いて mk で与えられるとすれば，紙面に垂直方向の単位厚さ当りのくさび形工具の押込み力 $\overline{P}$ は式（2.15）で与えられる．

$$\overline{P} = -2kH(2\tan\varphi + m)\ln\left(1 - \frac{l}{H}\cos\varphi\right) = 2\bar{\sigma}_m \zeta l \sin\varphi \quad (2.15)$$

ここで，$\bar{\sigma}_m$ はブランク材料の平均変形抵抗，ζ は平均押込み圧力を平均変形

抵抗で割った式（2.16）で定義される圧下力関数である．

$$\zeta = \frac{\overline{P}}{2\bar{\sigma}_m l \sin\varphi} = -\frac{1}{\sqrt{3}}\frac{H}{l\sin\varphi}(2\tan\varphi + m)\ln\left(1 - \frac{l}{H}\cos\varphi\right) \quad (2.16)$$

ねじ転造時の円周方向接触長さを B，接触しているねじ山数を ν とすると，ねじ転造力（半径力）P_r は式（2.17）で与えられる．

$$P_r = \overline{P} B \nu \quad (2.17)$$

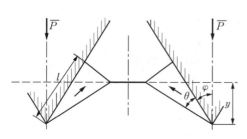

図 2.22　ねじ転造における干渉前の工具押込みに対するエネルギー法[8]

図 2.22[8] は，図 2.19（a）で示したくさび形工具の押込みに対するエネルギー法による（動的可容）速度場をねじ転造における頂角 2φ のくさび形工具として考えたものであるが，単位厚さ当りの押込み力

$$\overline{P} = 2ky\left[\frac{\sin\varphi}{\sin\theta\cos(\varphi+\theta)} + m\frac{\sin^2(\varphi+\theta)}{\sin^2\theta}\right] = 2\bar{\sigma}_m\zeta(h+y)\tan\varphi \quad (2.18)$$

と，その平均押込み圧力を平均変形抵抗で割った圧下力関数 ζ

$$\zeta = \frac{\overline{P}}{2\bar{\sigma}_m(h+y)\tan\varphi} = \frac{1}{\sqrt{3}}[\cot\varphi - \cot(\varphi+\theta)]$$
$$\times \left[\frac{\sin\varphi}{\sin\theta\cos(\varphi+\theta)} + m\frac{\sin^2(\varphi+\theta)}{\sin^2\theta}\right] \quad (2.19)$$

には，塑性域の干渉があるので，$y\tan(\varphi+\theta) \leq H\tan\varphi$ のような適用範囲が存在する．

塑性域が干渉した後の $y\tan(\varphi+\theta) > H\tan\varphi$ に対しては，図 2.23[8] のような（動的可容）速度場が提案されている．

図 2.23 に対する単位厚さ当

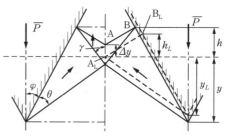

図 2.23　ねじ転造における干渉後の工具押込みに対するエネルギー法[8]

りの工具押込み力 $\bar{P}$ は，式 (2.20) で与えられる．

$$\bar{P}=8\,kH\left[\sqrt{\frac{(\eta+1)^2+m(\eta^2-1)}{4\eta}}\sec\varphi-1\right]=2\,\bar{\sigma}_m\zeta(h+y)\tan\varphi \tag{2.20}$$

$$\eta=\frac{H}{H-h-y}$$

また，この場合の圧下力関数は

$$\zeta=\frac{\bar{P}}{2\,\bar{\sigma}_m(h+y)\tan\varphi}=\frac{4\,\eta\cot\varphi}{\sqrt{3}(\eta-1)}\left[\sqrt{\frac{(\eta+1)^2+m(\eta^2-1)}{4\eta}}\sec\varphi-1\right] \tag{2.21}$$

で与えられる．干渉前の図 2.22 においては，自由表面が直線で形成されると仮定すれば盛上がり量 h は式 (2.12) で決定できるが，干渉後の盛上がり量は一意的に決定できないので，図 2.23 において $\Delta y=0$ とする場合（h_1 とする），あるいは干渉後の自由表面 AB が干渉時の自由表面 A_LB_L と平行に盛り上がる場合（h_2 とする）などの仮定が必要で，体積一定条件からそれぞれ盛上がり量が決定できる．

$$\frac{h_1}{H}=\frac{(y/H)^2}{1-(y/H)},\qquad \frac{h_2}{H}=1-\frac{y}{H}-\sqrt{\left(1-\frac{2y}{H}\right)\frac{1-(y_L/H)-(h_L/H)}{1-(y_L/H)}} \tag{2.22}$$

図 2.21 のスラブ法，また図 2.22 および図 2.23 のエネルギー法によって計算される圧下力関数 ζ を**図 2.24**[13] に示すが，ねじ転造力（半径力）P_r は式 (2.17) で評価できる．

図 2.19 および図 2.22 のエネルギー法による（動的可容）速度場の場合と同様に，図 2.17 のすべり線場をねじ転造におけるくさ

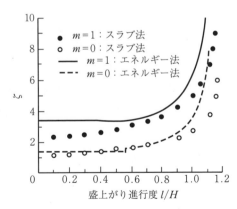

図 2.24 スラブ法とエネルギー法による ζ の値[13]

び形工具の押込みに適用しようとすると，塑性域の干渉を生じるので式（2.23）のような適用範囲がある[17]．

$$\frac{y}{H} \leq \frac{\cos\varphi - \sqrt{2}\cos\lambda\sin(\varphi-\psi-\lambda+\pi/4)}{\sin\varphi + \sqrt{2}\cos\lambda\cos(\varphi-\psi-\lambda+\pi/4)}\tan\varphi \tag{2.23}$$

塑性域の干渉後のくさび形工具の押込みに対しては，前述の式（2.3）～式（2.6）は適用できない．そこで，干渉後の押込みに対して接触域内で一定のせん断応力 mk を仮定して，$\varphi=30°$，$m=0.5$ および $(h+y)/H=0.792$ の押込みに対するすべり線場が図 2.25[17] のように提案されている．

図 2.17 のすべり線場では，式（2.4）からせん断応力が一定のすべり線場と摩擦係数が一定のすべり線場は同一となるが，塑性域の干渉後のすべり線場では図 2.25 のようにせん断応力が一定でも摩擦係数は接触面上で変化する．干渉後のすべり線場に対しては自由表面の形状の仮定が必要となり，自由表面が水平を保ちながら盛り上がるものと仮定すると，盛上がり量 h は式（2.24）で与えられる．

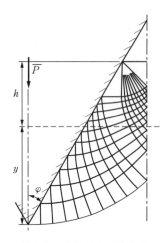

図 2.25 塑性域の干渉後の すべり線場[17]

$$\frac{h}{H} = 1 - \frac{y}{H} - \sqrt{1 - \frac{2y}{H}} \tag{2.24}$$

図 2.25 のすべり線場には適用できる押込み量の下限が存在する[17]が，各押込み量に対して図 2.25 のようなすべり線場が構成できれば，工具面上の垂直圧力とせん断応力を積分することによって押込み力 $\overline{P}$ が評価できる．このような考え方は摩擦がないなめらかなくさび形工具による押込みのすべり線場[18]にも適用でき，摩擦がない場合の塑性域の干渉後のすべり線場はスレッドローリング（スレッドフォーミング）によるめねじ成形過程の解析[19]などに利用されている．

2.4 転造ねじの強度

2.4.1 おねじの製造方法
〔1〕 汎用おねじ部品の製造方法

　ボルト・ナット結合体に軸方向の静的引張り力が作用する場合にはボルトの最小断面で破断が生じるが，繰返し外力が作用する場合には応力集中係数と切欠係数が最大となる[20]ナット座面に近いボルト側の第1谷底で疲労破壊を生じる．転造ねじの強度は，材料や熱処理条件のほかに製造工程によって大きく異なる．

　表2.3[3]に代表的なボルトの製造工程を示す．表中の工程（a）は引張強さが600 MPa以下の製品を対象とした工程であり，製品にはマクロなファイバーフローがねじ面に沿って形成され，図2.26[3]（a）に示すようにねじ谷底の加工硬化と圧縮残留応力などの転造効果によって，切削ねじより引張強さと疲労強度が向上する．

　表中の工程（b）は，引張強さが800 MPa以上の高強度製品を対象とした工

表2.3　代表的なボルトの製造工程[3]

（a）	（b）	（c）	（d）
線　材	線　材	線　材	線　材
↓	↓	↓	↓
冷間引抜き	冷間引抜き	冷間引抜き	冷間引抜き
↓	↓	↓	↓
焼なまし	焼なまし	焼なまし	特殊条件での圧延・熱処理
↓	↓	↓	↓
冷間引抜き	冷間引抜き	冷間引抜き	冷間引抜き
↓	↓	↓	↓
頭部圧造	頭部圧造	頭部圧造	頭部圧造
↓	↓	↓	↓
ねじ転造	ねじ転造	調質熱処理	ねじ転造
	↓	↓	↓
	調質熱処理	ショットブラスト	ブルーイング
	↓	↓	
	ショットブラスト	ねじ転造	

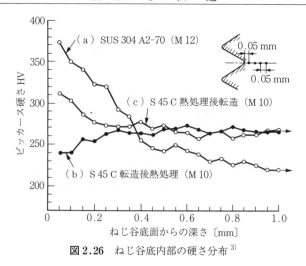

図2.26 ねじ谷底内部の硬さ分布[3]

程であり，転造後の熱処理によって転造効果は失われる．引張強さが 800 MPa 以上の高強度で，同時に高い疲労強度が要求されるねじ部品に対しては，転造ダイスの寿命を犠牲にしても転造効果がそのまま残留する熱処理後転造（表中の工程（c））が行われる．

図2.26中の（b）および（c）は，S 45 C 製の M 10 ボルト（強度区分 8.8）を丸ダイス転造盤で熱処理前および熱処理後に転造を行って硬さを測定した例で，このボルトの疲労試験を行って横軸に平均応力 σ_m，縦軸に疲労強度 σ_N を示すと図2.27[3]のようになる．図中の（a）は応力比 $\sigma_{min}/\sigma_{max}$ が 0.1，（b）は平均応力 σ_m が規格耐力 $R_{p0.2}$ の 50 %，（c）は平均応力 σ_m が規格耐力 $R_{p0.2}$ の 90 %，（d）は平均応力 σ_m が実耐力 $R_{p0.2}'$ の 88 % の条件下による疲労試験の結果であり，（a）のように平均応力が低いところでは熱処理後転造ボルトの疲労強度は転造後熱処理ボルトの疲労強度より約 60 % 向上しているが，（d）の場合のように平均応力が著しく高くなると疲労強度の向上の割合はわずかになっている．機械部品のねじ締結では，一般に初期締付け軸力の目標値をボルトの規格耐力の 60～70 % の弾性域にとる[21]ことが多く，この場合は熱処理後転造ボルトは転造後熱処理ボルトより 30 % 程度の疲労強度の改善が望める．

図2.28[6]（a）は硬さ 22.7, 26.6, 27.6 および 32.6 HRC の 50 B 40 鋼製の

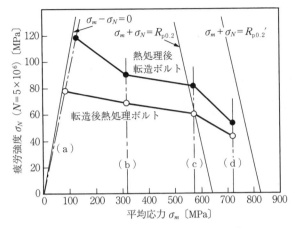

図 2.27 疲労限度線図（Haigh 線図）[3]

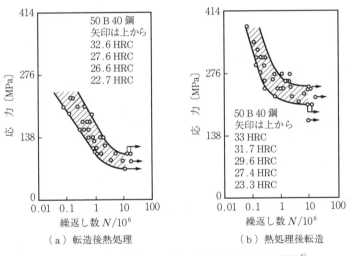

図 2.28 転造，熱処理の順序が疲労強度に及ぼす影響[6]

16 mm の転造後熱処理ボルトの疲労試験結果，図（b）は硬さ 23.3，27.4，29.6，31.7 および 33 HRC の 50 B 40 鋼製の 16 mm の熱処理後転造ボルトの疲労試験結果で転造後熱処理の場合より疲労強度が高く，熱処理後転造の疲労強度に及ぼす効果は明瞭である．

図 2.29[6] は転造と熱処理の順序，および硬さが 1/2-20 UNF ボルトの疲労強

度に及ぼす影響を示している．熱処理後転造ねじの疲労強度は硬さとともに高くなるが，転造後熱処理ねじは 40 HRC 程度（約 1 300 MPa の引張強さに相当）に最大値があり，それ以上の硬さでは疲労強度が低下している．また，**図2.30**[22]は M 6 ボルトの引張強さと 0.1 N-HCl 水溶液中における 30 時間の遅れ破壊強度との関係である．疲労強度の場合と同様に，熱処理後転造ねじでは遅れ破壊強度が引張強さとともに高くなるのに対して，転造後熱処理ねじは引張強さ 1 300 MPa 以上で遅れ破壊強度が急激に低下している．

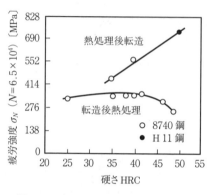
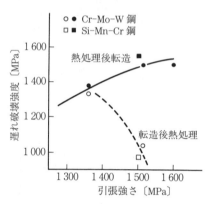

図2.29 転造，熱処理の順序と硬さが疲労強度に及ぼす影響[6]

図2.30 高強度ボルトの引張強さと遅れ破壊強度の関係[22]

これらのことから，引張強さ 1 300 MPa 以上のボルトは，ダイスの寿命を犠牲にしても熱処理後にねじ転造（表 2.3 の (c)）を行うことが推奨される．

ねじ転造ダイスの寿命を考慮して，熱処理によって硬さが高くなった転造ブランクを再結晶温度以下の温度範囲で加熱して，素材の変形抵抗を下げた状態で転造する温間転造を導入する方法もある．**図2.31**[23]は，SCM 435 材を焼入れ焼戻しの熱処理を行った後に，焼戻し温度以下の各温度に高周波誘導加熱した状態で，平ダイス転造盤で M 8 のねじに成形した実験結果である．加工力を低減させるには，500 ℃以上に加熱する必要があり，あまり有効な方法ではない．しかし 400 ℃までの温間転造によって成形されたねじは，谷底硬さ（HV）が高く，また加工硬化層深さ（t_r）が深くなっており，これらによって熱処理後の常温転造ねじより疲労強度（σ_N）が著しく向上している．炭素鋼や合金

鋼の温間転造は，加工力の低減を目的とするよりもむしろ高い疲労強度の製品を期待する転造法といえる．

転造中の素材の変形抵抗を低減するために，ねじ転造ダイスに超音波振動を付加しながら転造する方法が考えられる．しかし，この転造方法は，摩擦力が減少して加工性は良くなるが，ねじ谷底の加工硬化と圧縮残留応力が少なくなり，ねじの疲労強度の改善は期待できないようである．

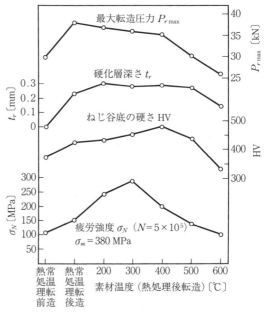

図 2.31　SCM 435 材の温間転造の転造圧力および疲労強度[23]

一般に，引張強さが 800 MPa 以上のボルトの製造工程は，表 2.3 中の工程（b）または（c）のように冷間引抜きの前に球状化のための焼なまし，およびねじ転造の後か前に所定の機械的性質を得るための調質熱処理を行うが，表 2.3 中の工程（d）のように焼なましおよび調質熱処理を省略しても，製品が所定の機械的性質を満足するような材料と加工法が開発され，非調質ボルトとして使用されている[24]．非調質ボルトは，圧延材の機械的性質のばらつきがそのまま製品の機械的性質に影響を及ぼすので，十分な材料の成分調整，圧延工程での制御圧延，制御冷却，寸法管理，さらに引抜き時の断面減少率の設定などが重要になる．このボルトのねじ転造は，ほぼ熱処理後ねじ転造の場合と同様であり，一方，ボルト頭部は加工率が大きく工具寿命や首下じん（靭）性に懸念もあったが，工程設計や頭部形状の変更によって 1 600 MPa 級の自動車用部品のボルト[25]も実用化されている．

〔2〕転造素材

各種の機械および構造物の締結に使用されているねじ部品の材料は、そのねじ部品に要求される仕様に応じて、各種の鋼材、非鉄金属材、プラスチック材などから選択されている．しかし、主要な材料は炭素鋼、合金鋼およびステンレス鋼である．表2.3に示したように、汎用のおねじ部品はそれらの線材から、ヘッダーによる頭部成形（一般には圧造と呼ぶ），その後の転造盤，転送アタッチメントまたは転造ヘッドによるねじ転造でねじが成形される．これらは一般に冷間加工で行われるが，温間または熱間加工によって量産される場合もある．さらに，多くの場合，その工程の途中またはその後の熱処理工程によって調質される．

汎用締結用おねじ部品は，部品品質の世界的統一を図るために，その形状・寸法および機械的性質などの製品仕様がISO規格によって標準化されている．**表2.4**はJIS B 1051（ISO 898-1）で規定している炭素鋼および合金鋼製のボルト，小ねじおよび植込みボルトの機械的性質の一部抜粋であり，9種類の強度区分に分類されている．強度区分の数値の意味は，例えば8.8と表示された

表2.4 おねじ部品の機械的性質 (JIS B 1051：2014, ISO 898-1：2013)

機械的性質		強度区分								
		4.6	4.8	5.6	5.8	6.8	8.8 $d \leq 16$ [mm]	8.8 $d > 16$ [mm]	9.8 $d \leq 16$ [mm]	10.9	12.9/ 12.9
引張強さ R_m [MPa]	呼び	400		500		600	800		900	1 000	1 200
	最小	400	420	500	520	600	800	830	900	1 040	1 220
下降伏応力 R_{eL} [MPa]	呼び	240	—	300	—	—	—	—	—	—	—
	最小	240	—	300	—	—	—	—	—	—	—
0.2%耐力 $R_{p0.2}$ [MPa]	呼び	—	—	—	—	—	640	640	720	900	1 080
	最小	—	—	—	—	—	640	660	720	940	1 100
フルサイズおねじ部品の0.0048d 耐力 R_{pf} [MPa]	呼び	—	320	—	400	480	—	—	—	—	—
	最小	—	340	—	420	480	—	—	—	—	—
ビッカース硬さ HV ($F \geq 98$ N)	最小	120	130	155	160	190	250	255	290	320	385
	最大	220				250	320	335	360	380	435

ボルトは，小数点の前の数字の 100 倍の値すなわち $8 \times 100 = 800$ MPa が引張強さ R_m の呼び，小数点の前の数字に小数点の後の数字を乗じて 10 倍した値すなわち $8 \times 8 \times 10 = 640$ MPa が 0.2%耐力 $R_{p0.2}$（または下降伏応力 R_{eL}，あ

表 2.5 鋼製おねじ部品の材料および熱処理（JIS B 1051：2014，ISO 898-1：2013）

強度区分	材料および熱処理	化学成分（溶鋼分析値〔%〕)					焼戻し温度〔℃〕
		C		P	S	B	
		最小	最大	最大	最大	最大	最低
4.6[1]	炭素鋼または添加物入り炭素鋼	−	0.55	0.050	0.060	−	−
4.8[1]		−	0.55	0.050	0.060		
5.6[1]		0.13	0.55	0.050	0.060		
5.8[1]		−	0.55	0.050	0.060		
6.8[1]		0.15	0.55	0.050	0.060		
8.8	添加物（例えば，B, Mn, Cr）入り炭素鋼，焼入れ焼戻し	0.15[2]	0.40	0.025	0.025	0.003	425
	炭素鋼，焼入れ焼戻し	0.25	0.55	0.025	0.025		
	合金鋼[3]，焼入れ焼戻し	0.20	0.55	0.025	0.025		
9.8	添加物（例えば，B, Mn, Cr）入り炭素鋼，焼入れ焼戻し	0.15[2]	0.40	0.025	0.025	0.003	425
	炭素鋼，焼入れ焼戻し	0.25	0.55	0.025	0.025		
	合金鋼[3]，焼入れ焼戻し	0.20	0.55	0.025	0.025		
10.9	添加物（例えば，B, Mn, Cr）入り炭素鋼，焼入れ焼戻し	0.20[2]	0.55	0.025	0.025	0.003	425
	炭素鋼，焼入れ焼戻し	0.25	0.55	0.025	0.025	0.003	
	合金鋼[3]，焼入れ焼戻し	0.20	0.55	0.025	0.025	0.003	
12.9	合金鋼[3]，焼入れ焼戻し	0.30	0.50	0.025	0.025	0.003	425
12.9	添加物（例えば，B, Mn, Cr, Mo）入り炭素鋼，焼入れ焼戻し	0.28	0.50	0.025	0.025	0.003	380

(1) これらの強度区分の材料には快削鋼を用いてよい．ただし，硫黄（S），りん（P）および鉛（Pb）の最大含有量はつぎによる．
    S：0.34%，P：0.11%，Pb：0.35%
(2) 炭素（C）が 0.25%（溶鋼分析値）以下のボロン鋼の場合には，マンガン（Mn）の含有量を強度区分 8.8 以上のものに対しては 0.6%以上，9.8 および 10.9 のものに対しては 0.7%以上にしなければならない．
(3) この合金鋼には，つぎの元素成分を 1 種類以上含まなければならない．各元素の最小含有量はつぎによる．
    クロム（Cr）0.30%，ニッケル（Ni）0.3%，モリブデン（Mo）0.20%，バナジウム（V）0.10%
    なお，上記の合金元素を 2～4 種類組み合わせて含有させる場合で，個々の元素の含有量が上記の最小量より小さくなる場合には，鋼種区分の判別に用いる限界値は，組み合わせて用いる各元素に対する上記限界値の合計の 70%とする．

るいは $0.0048d$ 耐力 R_{pf} の呼びを表している．このほかに保証荷重応力，破断伸び，絞り，ブリネル硬さ（HBW），ロックウェル硬さ（HRB, HRC），衝撃強さなども規定されている．さらに，JIS B 1051（ISO 898-1）は，それぞれの強度区分に対して，表2.5のように材料および熱処理を規定している．

強度区分 4.6～6.8 の熱処理しないおねじ部品は，表2.3中の工程（a）に示したように，炭素鋼の線材を表2.4の機械的性質を満足するように冷間引抜きによって仕上げ，頭部圧造，ねじ転造する．強度区分 8.8～12.9/12.9 の熱処理するおねじ部品は，表2.3中の工程（b）に示したように，通常中炭素鋼または低合金鋼を球状化焼なまし後，冷間引抜き，頭部圧造，ねじ転造し，その後に表2.4の機械的性質を得るための焼入れ焼戻しの熱処理を行う．

2.4.2 おねじの疲労強度

〔1〕疲労強度

図 2.27，図 2.28 および図 2.29 に転造と熱処理の順序が疲労強度に及ぼす影響，図 2.31 に転造温度が疲労強度に及ぼす影響などを示したが，ねじの疲労強度線図を**図 2.32**[26]（a）に示す．横軸に疲労試験における平均応力 σ_m，縦軸に応力振幅 σ_a をとり，ねじ用材料の平滑丸棒の完全両振り条件に対する疲労強度 σ_{w0} を表す点を A_0，真破断応力 σ_T を表す点を E_0 とすると，直線 A_0E_0 は平均応力 σ_m を考慮した平滑丸棒の疲労強度線図を表す．

ボルト・ナット結合体，すなわちたがいにはめあわせたボルト・ナットの両座面にボルト軸部を引張る方向に力が作用するとき，ナットのねじ山のうち負

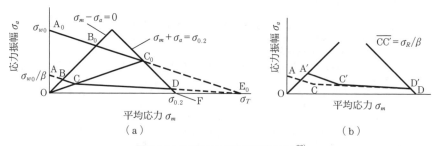

図 2.32 転造ねじの疲労強度線図 [26]

2.4 転造ねじの強度

荷座面に最も近い完全ねじ山が接触するボルトのねじ面の谷底表面に,最大の引張応力が発生する.ボルトの軸方向の引張力を有効断面積で割った平均応力を σ_n とし,図2.33[27]に示すようにボルトの当該の断面における形状係数を α とすると,ボルトの第1ねじ谷底の表面には $\alpha\sigma_n$ という最大の引張応力が作用している.一方,ねじの疲労破壊は谷底表面の応力ではなく,谷底表面から結晶粒の大きさに関連する距離 ε_0 だけ内部に入った層の応力が関与している[28]といわれており,その層における応力の大きさを与える切欠係数を β とすれば,図2.33に示すようにその層には $\beta\sigma_n$ の引張応力が作用していることになる.ねじの疲労に関して以下の仮説を採用する.

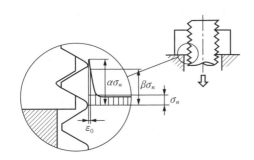

図2.33 ねじにおける応力集中係数 α と切欠係数 β [27]

【仮説1】 ボルトに平均応力 σ_m,応力振幅 σ_a の繰返し応力が作用するとき,ボルトのねじ谷底から ε_0 の層における繰返し応力の平均値と振幅はそれぞれ $\beta\sigma_m$ と $\beta\sigma_a$ であり,これらの応力が平滑丸棒の限界値を超えるときに疲労破壊が起こる[27].

この仮説1は,図2.33における最大応力 $\beta(\sigma_m+\sigma_a)$ がボルト材料の耐力 $\sigma_{0.2}$ ないしは降伏応力 σ_y を超えない場合に適用する.またつぎの仮説も採用する.

【仮説2】 $\beta(\sigma_m+\sigma_a)$ が $\sigma_{0.2}$ または σ_y より大きい場合には,局部的な降伏が起こり最大応力は $\sigma_{0.2}$ または σ_y となるが,他の大部分は弾性域にあるので応力振幅は $\beta\sigma_a$ に等しい[27].

図2.32(a)の原点Oから右上がりに描いた $\sigma_m-\sigma_a=0$ の直線,および平滑丸棒の耐力 $\sigma_{0.2}$ の値を横軸上にとりその点Fから左上がりに描いた $\sigma_m+\sigma_a$

$=\sigma_{0.2}$ の直線と,直線 A_0E_0 との交点をそれぞれ B_0 および C_0 とする.両振りの引張圧縮を受けるボルト・ナット結合体の疲労強度とみなせる σ_{w0}/β を縦軸上にとりその点を A とし,点 A を通って直線 A_0E_0 に平行な直線を描き,その直線と直線 OB_0 との交点を B,直線 OC_0 との交点を C とする.点 C と点 E_0 を結ぶ直線を描き,その直線と直線 FC_0 との交点を D とする.

図 2.32(a)において $\sigma_m < \sigma_a$ の関係にある角度範囲 A_0OB_0 の領域は,平滑丸棒に対して意味があるが,繰返し圧縮力が作用しえないボルト・ナット結合体には適用できないので,破線で描かれた疲労強度線 AB は実際にはありえない架空のものである.角度範囲 B_0OC_0 の領域では,ボルト谷底表層応力の変化範囲の直上に平滑丸棒の疲労強度線図が存在するので,仮説1に基づく疲労強度の線図が直線 BC となる.角度範囲 C_0OE_0 の領域では,ボルト谷底表層応力の変化範囲の直上に平滑丸棒の降伏を表す直線 C_0E_0 が存在するので,仮説2ならびにボルト材料が降伏後は直線硬化すると仮定すれば,直線 CD がこの領域の疲労強度線図となる[26]. このようにして,平滑丸棒の両振り疲労強度 σ_{w0},真破断応力 σ_T,耐力 $\sigma_{0.2}$ およびボルト谷底表層部の切欠係数 β から,図(a)のねじの疲労強度線図 BCD が描けることになる.

〔2〕 **残留応力と疲労強度**

図 2.27,図 2.28 および図 2.29 では,表 2.3 の工程(b)のようにねじ転造後に熱処理を行うよりも,工程(c)のように熱処理後にねじ転造を行うほうの疲労強度が高いことを示したが,工程(c)のように熱処理後に転造を行うと**図 2.34**[29]のようにねじ谷底の表層部に軸方向圧縮残留応力が形成され,疲労強度が向上すると考えられている.

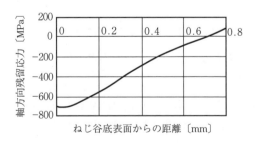

図 2.34 ねじ転造における残留応力の測定例[29]

図 2.32（a）の BCD（ACD のうちの実線部）は一般のねじの疲労強度線図を表している．例えば，図（b）で疲労強度線図が ACD の破線で示される切欠き係数 β のねじを熱処理後転造で製造すると，図 2.34 のような軸方向圧縮残留応力がねじの疲労強度に直接関係するねじ谷底の表層部に形成される．この表層部に形成される圧縮残留応力の大きさを σ_R とするとき，図 2.32（b）で $\overline{CC'} = \sigma_R/\beta$ とおくと，$A'C'D'$ が軸方向圧縮残留応力が存在する場合の疲労強度線図を与えることになる．

従来，ねじ転造で形成される軸方向圧縮残留応力と疲労強度の関係は推測の域を出なかったが，転造した環状溝の谷底近傍の圧縮残留応力と疲労強度の関係が実験的にも確かめられるとともに図 2.34 のような圧縮残留応力分布が有限要素法による解析でも確認されており[30),31)]，図 2.32（b）の疲労強度線図の考え方が正しいものであることが実証されている．

引用・参考文献

1) 吉本勇：塑性と加工，**10**-105（1969），725-730．
2) 日本鉄鋼協会編：鉄鋼便覧 第 3 版，第 6 巻 二次加工・表面処理・熱処理・溶接，(1982)，111-123，丸善．
3) 日本塑性加工学会編：回転加工，塑性加工技術シリーズ 11，(1990)，12-42，コロナ社．
4) オーエスジー：穴工具・ねじ加工工具カタログ 2017-2018，(2017)，908-925．
5) オーエスジー：転造ダイス Technical Data，シリーズ No. 21（2011），1-40．
6) ASM International Handbook Committee：Thread Rolling, ASM Handbook, **14A**, Metalworking: Bulk Forming, (2005), 489-504, ASM International.
7) 大橋宣俊・杉浦孝之：日本機械学会 2001 年度年次大会講演論文集，No. 01-1, **3**（2001），191-192．
8) 葉山益次郎・原修一：塑性と加工，**12**-129（1971），781-789．
9) 葉山益次郎・酒匂雅隆：塑性と加工，**12**-130（1971），814-821．
10) Grunzweig, J., Longman, I.M. & Petch, N.J.：J. Mech. Phys. Solids, **2**（1954），81-86．
11) 工藤英明・田村清：精密機械，**34**-6（1968），400-405．
12) Kudo, H. & Tamura, K.：Annals of the CIRP, **17**（1969），297-305．
13) 葉山益次郎：回転塑性加工学，(1981)，47-50，92-98，近代編集社．

14) Hayama, M. & Kawai, K.：Advanced Technology of Plasticity 1984, **1** (1984), 391-400.
15) 葉山益次郎：新回転加工, (1992), 378-380, 近代編集社.
16) 葉山益次郎：塑性と加工, **9**-86 (1968), 190-197.
17) 川井謙一：第 35 回塑性加工連合講演会講演論文集, (1984), 379-382.
18) Hill, R., Lee, E.H. & Tupper, S.J.：Proc. Roy. Soc. London, Ser. A **188** (1947), 273-289.
19) Stéphan, P., Mathurin, F. & Guillot, J.：J. Mater. Process. Technol., **211** (2011), 212-221.
20) 大滝英征：日本機械学会論文集（第 3 部）, **38**-311 (1972), 1885-1894.
21) 吉本勇編：ねじ締結体設計のポイント 改訂版, (2002), 184-210, 日本規格協会.
22) 斉藤誠・高屋英夫：電気製鋼, **43**-1 (1972), 21-26.
23) 益田亮・大橋宣俊：塑性と加工, **17**-188 (1976), 738-745.
24) 並木邦夫・飯久保知人・木村泰廣・樋口満志：電気製鋼, **58**-3 (1987), 166-175.
25) 高島光男・飯田善次・高田健太郎・森誠治：Honda R&D Technical Review, **15**-2 (2003), 183-188.
26) Hagiwara, M., Ohashi, N. & Yoshimoto, I.：Proc. 9 th Int. Conf. on Experimental Mechanics, **3** (1990), 1255-1261.
27) 吉本勇：精密機械, **49**-6 (1983), 801-803.
28) 石橋正：金属の疲労と破壊の防止, (1969), 58-61, 268-272, 養賢堂.
29) 吉本勇・丸山一男・山田良一：日本機械学会論文集（A 編）, **50**-452 (1984), 717-721.
30) Kim, W., Kawai, K., Koyama, H. & Miyazaki, D.：J. Mater. Process. Technol., **194** (2007), 46-51.
31) Furukawa, A. & Hagiwara, M.：Mech. Eng, J., Bull. of the JSME, **2**-4 (2015), 1-11, DOI: 10.1299/mej, 14-00293.

3 歯車・スプライン転造

3.1 概　　説

3.1.1 加工の概略

歯車転造は，図3.1に示すように，被加工材（ブランク）を回転させつつ，それに歯形工具を順次押込んでいくことにより，圧縮塑性変形で歯車やスプライン軸などの歯形部品を成形する加工法である．図(a)は創成転造法の場合であり，転造歯形は歯形工具とのかみ合い回転運動により包絡面として創成される．図(b)は成形転造法の場合であり，成形すべき歯形に合致した総形の歯形工具が押込まれる．いずれの場合とも，歯形工具の押込みによって排除された歯溝部分の材料容積は，大部分が歯の盛上がり変形となって吸収される．加工は多くの場合は冷間で行われるが，モジュールや歯たけが大きい場合など

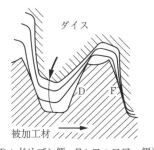

(D：ドリブン側，F：フォロアー側)
(a) 創成転造法

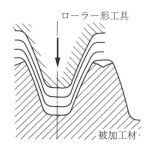

(b) 成形転造法

図3.1　転造による歯の成形

には熱間または温間でも行われる．

歯車転造の一般的特長をあげるとつぎのとおりである．
（1） 切削による歯切り加工のような切くずを発生しない．
（2） 加工能率が高く，多量生産に向いている．
（3） 工具と被加工材との接触は転がり接触に近く，微量な局部圧縮塑性変形の連続で成形が進行し，接触面での滑りも少ないので，歯面が平滑に仕上がり，工具の損耗が少ない．工具歯面への潤滑も容易である．
（4） 成形された歯車は歯面および歯元フィレット面に沿った材料流れを生じているため，強度上有利である．

一方，歯車転造では被加工材の外周面の大部分が自由表面の状態で，工具と接触部近傍の局部変形によって成形が進行するため，高精度の歯車を成形するためには転造条件の選定，工具（ダイス）設計，転造装置の機能および被加工材の性状などについて十分な配慮と適正化が要求される．

3.1.2 歯車転造の方式

代表的な歯車転造の方式を**図3.2**に示す．図（a）のローラーダイス方式で

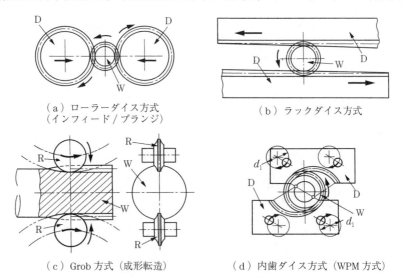

（a）ローラーダイス方式
（インフィード／プランジ）

（b）ラックダイス方式

（c）Grob方式（成形転造）

（d）内歯ダイス方式（WPM方式）

図3.2 代表的な歯車転造方式

は,歯車(W)はダイス(D)の歯とかみ合いながら回転することによって創成転造される.この方式では,図(a)のように2個のローラーダイスを用い,それらを被加工材の中心に向けて押込む方法(インフィード法またはプランジ法)が一般的であるが,その他に3個のローラーダイスを用いる方式やダイス軸間距離は固定で被加工材をダイス間へ軸方向に送り込む方式(押込み式スルーフィード,図3.3(c)参照)もある.図(b)のラックダイス方式では,両ダイスの間隔は固定でラックダイスの歯たけを順次増していくことにより,ダイスの1行程の間に歯を創成転造する.図(c)のGrob方式は代表的な成形転造法であり,同期して遊星運動をする一対(または二対)の総形ローラー(R)によって歯形が成形される.図(d)のWPM方式では,内歯をもつ一対のセグメントダイス(D)が平行を保ったまま同期して円運動をすることによって創成転造が行われる.

その他の歯車転造方式を**図3.3**に示す.図(b)のかさ歯車の転造方式および図(c)の押込みスルーフィード方式はいずれも創成転造法であり,図(a)のリングローリング方式は成形転造法の一種である.

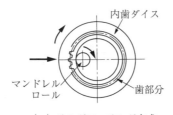

(a) リングローリング方式

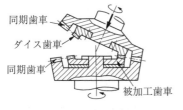

(b) かさ歯車転造方式

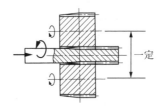

(c) 押込みスルーフィード方式

図3.3 その他の歯車転造方式

一方，歯車転造としては無垢ブランクから全歯たけを転造成形する場合以外に，あらかじめ切削加工などで歯切りされた歯車の歯面仕上げのみを行う場合（仕上げ転造）がある．全歯たけの転造には図3.2および図3.3に示した各方式が用いられるが，仕上げ転造はおもに図3.2（a）のローラーダイス方式（インフィード／プランジ）によって冷間で行われる．

以上のうち，ラックダイス方式とGrob方式によるスプライン軸の冷間転造およびローラーダイス方式による冷間仕上げ転造はそれぞれ多くの実用実績をもっている．

3.1.3 歯形部品製造工程での役割

全歯たけの転造成形を利用した歯車やスプライン軸の製造工程例を**図3.4**に示す．この場合には，歯車転造はホブなどによる歯切り加工に相当する工程に利用される．高い総合精度と高強度が要求される動力伝達用の高負荷歯車に対しては，図3.4中のbまたはcの工程が適している．低負荷・低速用のスプライン軸や歯車に対しては，同図中のaまたはdの工程が成り立つ．aの場合には，転造工程（冷間）で生じた加工硬化および歯面やフィレット面の平滑な仕上りによる歯強度の向上が，またdでは歯面やフィレット面の平滑仕上げによる歯強度の向上がそれぞれ有効に利用できる．モジュールの比較的大きい歯車を熱間で転造を行う場合には，ブランク（素材）加熱を含む工程となる．

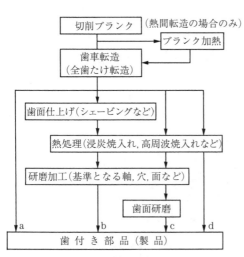

図3.4 歯車転造を利用した歯付き部品の製造工程例（全歯たけ転造の場合）

図3.5は歯車の仕上げ転造を利用した工程の例である．仕上げ転造はシェー

ビング加工などに代って歯面精度（表面粗さを含む）の向上のために利用される．動力伝達用の高負荷・高速歯車に対しては，図中 b の工程が一般的である．

粉末焼結で作製した歯車に対して，冷間仕上げ転造を施すことにより，焼結歯車の表面表層部の空孔を押しつぶし，歯の強度と精度を向上させる方法も開発されている．この技術については，3.4.4項で詳しく述べられている．

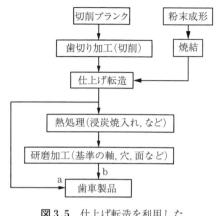

図3.5 仕上げ転造を利用した歯車の製造工程例

3.2 加工の基本的考え方

3.2.1 歯の盛上がりと材料流れ [1]~[5]

無垢のブランクから全歯たけを転造成形する場合，成形の過程における歯の盛上がりは一つの歯の両歯面側で必ずしも対称とはならない．図3.1（b）に見られるように，Grob方式（図3.2参照）による平歯車やスプライン軸の成形転造法においては，工具（ローラー）は被加工材に対して歯溝と平行な方向に移動しながら半径方向に押し込まれるので，くさび形工具の半径方向静的押込みに近い変形となり，最終的には両歯面側でほぼ対称な盛上がりと材料流れ状態となる[1]．しかし，ダイスの歯とかみ合い回転をしながら歯が盛り上がる創成転造法においては，図3.1（a）に見られるように，ダイスの歯は被加工材に対して相対的に回転運動をしながら押し込まれる．そのとき，図3.6に示すように成形中のドリブン側およびフォロアー側歯面には，かみ合いピッチ点付近を境にしてたがいに逆方向の摩擦力が作用する．その結果，創成転造法における歯の盛上がりは図3.1（a）のようにドリブン（D）側に比べてフォ

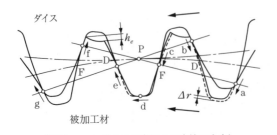

(矢印a〜g：ダイスの歯による摩擦の方向)

図3.6 ダイスと被加工材のかみ合い回転状況（創成転造法）

ロアー（F）側で先行する傾向を生じる．また，この場合にはダイス歯先における被加工材歯底部との間の円周方向速度差[1]が，ダイス歯の押込みが深くなるにつれて増大する．したがって，創成された歯の内部の材料流れはドリブン側とフォロアー側で非対称であり，特に歯たけが大きく圧力角の小さい歯車の場合には，ドリブン側の歯元フィレット部や歯底部の表面近傍に材料流れの乱れや欠陥が生じることがある．

創成転造法における上記のような歯の盛上がりと材料流れの挙動は，被加工材に対するダイス歯の刻々の押込み量，すなわち図3.6における圧下量 Δr（ダイス数を N としたとき，被加工材 $1/N$ 回転当りのダイス押込み量）によって強く影響される．

一般に，歯の盛上がりの不均一量（図3.6中の h_e）は，**図3.7**に示す例のように圧下量 Δr を大きくすると減少する[2),3)]．これは，Δr を大きくすることにより被加工材側に生じる塑性変形域の深さが増すとともに，転造の全過程中において被加工材の各歯車がダイス歯面と接触する回数が減るためである．ただ，Δr を大きくしすぎるとダイス歯への負荷応力や加工所要力（転造力と転造トルク）が増すばかりでなく，被加工材の歯の曲げ変形が大き

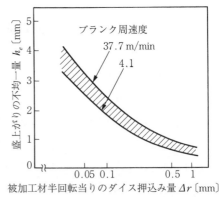

標準平歯車，アルミニウムブランク
モジュール3，歯数32
圧力角20°，ダイス歯数30
工具押込み深さ3mm，冷間転造

図3.7 創成転造における歯の盛上がりの不均一量の例（2ローラーダイス方式）[2)]

くなるとともに被加工材に全体変形（ゆがみ）が生じて精度が低下したり，歯底と歯元部での材料流れに乱れが生じやすくなる．

したがって，創成転造方式においてはダイスの押込み速度の選定は特に重要であり，実際には上記の圧下量 Δr はモジュールの約 0.2 倍以下の範囲内で，成形すべき歯車やスプライン軸のモジュール，全歯たけ，材質，転造装置の能力，転造温度などに応じて適正な値に選定する[2),3)]．

また，創成転造方式における歯面摩擦方向と材料流れの非対象性の影響を少なくするために，転造加工中にローラー回転方向を逆転させる方法が提案されている[20)]．

3.2.2　幾何学的条件

〔1〕　歯数の割切り条件

創成転造法においては，転造の初期に被加工材（ブランク）の外周面はダイスの歯先によって所定の歯数に正しく割り切られなくてはならない．ローラーダイスの場合には，ブランク直径に対してダイス外径はつぎの関係を満たす必要がある[2)]．

平歯車やスプライン軸（図3.8参照）では

$$d_1 \sin\left(\frac{\pi}{z_1}\right) = d_w \sin\left(\frac{\pi}{z_2}\right) \quad (3.1)$$

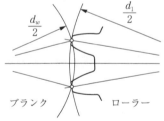

図3.8　ローラーダイスによるブランク歯数の割切り

ただし，d_1, z_1：ダイスの歯先円直径，歯数，d_w：ブランク直径，z_2：転造すべき歯数．

はすば歯車では，ブランク幅 b がダイス歯先のピッチ t_k とねじれ角 β_k に対し，$b \geq t_k \cdot \cot \beta_k$ のとき

$$\frac{d_1}{d_w} = \frac{z_1}{z_2} \quad (3.2)$$

ラックダイスの場合にも，食込み初期には同様な考え方に基づいて，割切り条件を満たす必要がある．図3.9[12)] はラックダイスを用いた転造における割切

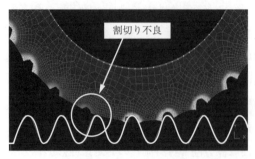

図 3.9 割切り不良の例 [12]

り不良を示す例である．なお，ローラーダイスやラックダイスのいずれの場合とも，ある程度の深さの歯溝が被加工材に成形された後は，被加工材とダイスは両者のかみ合いピッチ点（図 3.6 中の点 P）でたがいに接触して回転する状態になるので，ダイスの押込みに伴って，被加工材とダイスの回転比は変化する．

〔2〕 **素 材 直 径**

素材直径は転造の前後で材料体積が一定として算出する．このとき，被加工材の歯の端部近くでは材料が歯幅方向外側へはみ出すので，それを考慮に入れる必要がある．材料のはみ出し量は実験などによって求める．また，歯幅が比較的小さいときにはダイス側で歯幅方向の材料流出を抑制し，成形歯幅を規制する．

〔3〕 **創成転造ダイスの歯の諸元**

創成転造に用いるローラーダイスの歯車の諸元あるいはラックダイスの仕上げ部における歯の諸元は，転造しようとする歯車もしくはスプライン軸と所定のダイス間隔でバックラッシおよびダイス歯先での頂げき（歯先の隙間）がなくかみ合い，回転するものが基本となる．したがって，ダイスの基本諸元は与えられた成形対象歯車またはスプライン軸の諸元をもとに，インボリュート歯車のかみ合い理論[6]あるいはラックカッターによるインボリュート歯形の歯切り時の関係に基づいて，幾何学的に求めることができる．

ローラーダイスを用いたインフィード転造の場合，ローラーダイスの歯先円直径と歯数は前述の歯数の割切り条件を満たす必要がある．熱間転造のときは，割切り条件におけるブランク直径 d_w にはブランク加熱後の値を用い，成形対象歯車の諸元としては転造仕上がり後の冷却に伴う熱収縮（全体的に相似

で収縮すると近似）を見込んだ
値とする．

　創成転造法の場合，成形された歯には後述のように特有の歯形誤差やねじれ角誤差を生じることが多い．そのため，上記のようにして求めたダイス歯の基本諸元に歯形補正やねじれ角補正を施す．**図 3.10** ははすば歯車の熱間創成転造におけるローラーダイス設計手順の一例である．

3.2.3　歯に作用する荷重

　創成転造において，転造中のダイスの歯には**図 3.11** に示すような荷重が作用する．ダイスと被加工材の両歯の接触部は円柱工具による塑性押込みの状態に近いため，接触部では被加工材の降伏応力の 2.5 倍程度の高い面圧が発生すると考えられ，

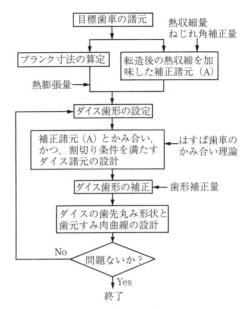

図 3.10　はすば歯車の熱間創成転造用ローラーダイスの諸元設計手順

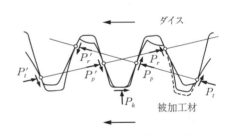

図 3.11　ダイスの歯に作用する荷重

また荷重 P_r と P_t および P_r' と P_t' によりダイスの歯には大きな曲げモーメントが作用する．したがって，ダイスの歯には十分に高い硬さ（降伏応力）に加えて高い曲げ疲労強度が要求される．

　なお，図 3.11 のような歯面荷重はダイスと被加工材の両方の歯に弾性たわみを生じさせ，創成される歯形および歯すじ（はすば歯車の場合）に誤差を生じさせる一因となる．

3.3 ラックダイス方式

3.3.1 転造装置[7)~11)]

図3.12にラックダイス式転造装置の代表的な基本構造を示す．ラックダイスは一対の平行なしゅう動台の上に対向して固定され，サーボモーター/ボールスクリューなどの機構によってたがいに逆方向に同期して移動する．被加工材は両ラックダイスの中間位置に，その軸をラックダイスの移動方向と直角に

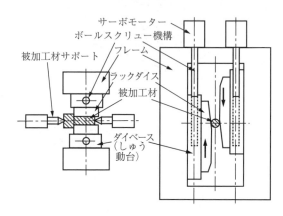

図3.12 ラックダイス式転造装置の基本構造

表3.1 ラックダイス式転造装置の主要諸元例[7)~10)]

	A	B	C	D
装置型式	立形，サーボモーター駆動，NC制御	立形，サーボモーター駆動，NC制御	立形，NC制御	立形，サーボモーター駆動，NC制御
転造可能スプライン径〔mm〕	40	50	50	30
転造可能最大モジュール	1.75	1.5	1.3	1.5
ラックダイス最大寸法〔mm〕（長さ×幅）	1 017×250	928×200	630×250	623.2×120
転造ストローク〔mm〕	1 150	−	700	−
最大転造速度〔m/min〕	25	−	20	−
機械寸法〔mm〕（幅×長さ×高さ）	1 560×1 250×3 200	1 200×1 510×3 600	1 270×3 400×2 740	1 300×2 070×3 200
型式 No.（メーカー）	PFM-915 X（NACHI）	PCT-1000 ⅡE（NHK BUILDER）	TZN 6-80（CNK）	RF-60 S（UNION TOOL）

して回転自由に支持される．

転造装置の形式としては，ラックダイスの移動方向が水平のもの（横形）と垂直のもの（立形）の2種類がある．いずれも，転造荷重によるラックダイス間隔の変化が極力小さくなるように高剛性設計がなされ，ダイス間隔およびダイス位相の微調整機構を備えている．**表3.1**は実用転造装置（立形）の主要諸元の例[7)～10)]である．

3.3.2 ラックダイス[12),13)]

インボリュートスプライン軸転造用のラックダイスを模式的に**図3.13**に示す．ラックダイスは加工の開始側から食付き部，平行部および逃げ部に大別され，食付きにおいては歯たけが漸増し，平行部では一定歯たけをもつ．逃げ部では歯全体の高さ方向位置が順次低くなる．すなわち，

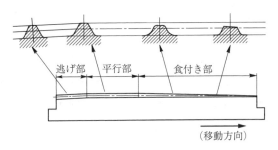

図3.13 スプライン軸転造用ラックダイスの例

食付き部の初期においては素材の歯数割切りが行われ，ついでラックの歯の被加工材への押込みが増していくことによって歯の盛上がりと歯形の創成が進行する．平行部においてはほぼでき上がった歯形をさらに高精度に創成し，所定の寸法に仕上げる．逃げ部で成形品の弾性ひずみ（スプリングバック）を徐々に逃がすことによって，ダイスから成形品が離脱するのを円滑にする．

ラックダイスの歯に生じる損傷としては，ダイス材料の疲労による歯面の微小クラックや剥離，歯の欠けおよび歯の摩耗がある．したがって，ダイス材料には高硬度，高じん性および高い耐摩耗性を兼ね備えたMo系高速度鋼などが適当な熱処理を施して用いられる．ラックダイスに特殊な窒化処理を施したり，さらにショットピーニング処理によってダイス表層部に高い圧縮残留応力を付与することも行われている．ラックダイスの寿命は被加工材の硬さが増す

ほど,また歯形圧力角が小さくなるほど短くなる傾向がある.寿命に至ったラックダイスは再研削,再歯付けを行うことによって,3回程度までは再利用できる.一般にラックダイスの寿命は長く,スプライン軸(S 53 C,モジュール1,歯数28,圧力角30～45°)の転造で10万～20万個との報告がある[12].

3.3.3 転造成形品

ラックダイス式の冷間創成転造法によって,インボリュートスプライン軸,インボリュートセレーション軸,ウォーム,油溝およびインボリュートはすば歯車(ピニオン)の転造が可能である.これらの最大直径は使用できるラックダイスの全長によって制約される.被加工材料としては低～中炭素鋼,Cr鋼,Cr-Mo鋼などの低合金鋼はいずれも転造可能であるが,硬さ(HB)は最大350,実用的には255以下が適当とされている[18),19)].

インボリュートスプライン軸としては圧力角が20°以上でモジュール1.75以下のものが転造に適している.**図3.14**はインボリュートスプライン軸,ピニオンの冷間転造品の例である.

図3.14 冷間転造されたスプライン,ピニオンの例
(http://cnk.co.jp/about/)

はすば歯車の転造としては,比較的小径のインボリュートはすば歯車(例えば,歯数7～8,歯直角モジュール1.5～2,圧力角約20°,ねじれ角約30°,歯幅13～30 mm)や,大ねじれ角の小径はすば歯車($Z=2$, $\alpha=20°$, $\beta=60°$,歯直角モジュール0.9)[14),15)]などの例がある.

3.4 ローラーダイス方式

3.4.1 転造装置[16)〜18)]

歯車状のローラーダイスを用いる転造装置としては，2個のダイスをサーボモーター/ボールスクリュー機構で被加工材に押込むインフィード方式（プランジ方式）のものが最も広く用いられている．図3.15にその代表的な構造を示す．この図のように被加工材の軸に対して左右対称のダイス押込み機構をもつもの以外に，片方にのみダイス押込み機構をもち他方のダイス位置は固定とした構造のものも用いられる．最近では，いずれの機構の装置もNCまたはCNC方式を採用したものが主流となっている．

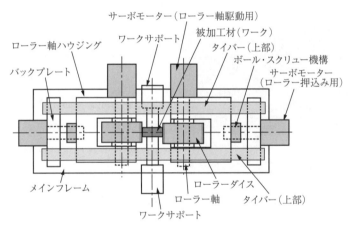

図3.15 2ローラーダイス式インフィードCNC転造装置の例（両ローラー押込み式）

表3.2はインフィード式のCNC式2ローラーダイス転造装置の主要諸元の例，図3.16はその種の装置の加工主要部（冷間転造）の一例[21)]である．これらの装置はローラーダイスを高速で同期回転させる駆動系を備えている．ダイス位相およびダイス押込みストロークの調整に加えて，転造歯車のねじれ角やテーパーなどを調整するためのローラー軸傾斜などの高精度調整機構をもつものも開発されている．

表3.2 2ローラーダイス式インフィード転造装置の主要諸元例[21)～23)]

装置型式	A	B	C	D
	ACサーボモーター駆動，CNC制御	ACサーボモーター駆動，CNC制御	ACサーボモーター駆動，CNC制御	ACサーボモーター駆動，CNC制御
転造可能最大外径〔mm〕	70	150	75/40	100/90
最大ダイス外径〔mm〕	30	330	195	250
最大ダイス幅〔mm〕	180	180	150	200
主軸最大傾斜角〔°〕			±5（ACサーボ駆動）	±5（ACサーボ駆動）
主軸回転速度〔rpm〕	0～40	0～30	～150	～25
最大転造荷重〔kN〕			160	600
機械寸法〔mm〕(幅×長さ×高さ)	4 300×3 500×2 200	5 000×4 400×2 200	2 550×2 400×2 100	3 050×3 450×2 100
ローラー押込み（スライド）	両ローラー	両ローラー	片方ローラー	片方ローラー
型式 No.（メーカー）	ROLLEX HP (Profiroll)	ROLLEX XL HP (Profiroll)	GA-160 B (NISSEI)	RF-60 S (UNION TOOL)

図3.16 2ローラーダイス式インフィードCNC転造装置の加工主要部の例（Profiroll Technology GMBH）[21)]

ローラーダイス式の転造装置では，ラックダイス式転造装置のようなダイス長さの制約がないので，歯車の周方向の長い距離にわたって転造加工を行うことが可能となる．そのために，被加工材を軸方向に押込みながら転造するスルーフィード方式（図3.3（c））が可能になる．

3.4.2 スプラインおよび歯車の冷間転造[16)～20)]

2個のローラーダイスを用いたスプラインの冷間転造では，ローラーダイスを被加工材の半径方向に押込む（インフィード方式）ことによって，あるいはローラーダイスの位置は固定のまま被加工材をその軸方向に押込む（押込みスルーフィード方式）によって，無垢の被加工材にインボリュートスプラインの

歯を創成転造する．この場合，被加工材の初期外径とローラーダイス外径は前述（3.2.2項〔1〕）のような歯数の割切り条件を満たす必要がある．主要な加工パラメータは，インフィード方式ではローラーダイスの半径方向押込み速度（被加工材の半回転当り）および全押込み量であり，押込みスルーフィード方式では，両ローラーダイスの軸間距離設定および被加工材の軸方向押込み速度（被加工材の半回転当り）である．

　転造加工中の被加工材とローラーダイスの潤滑は，転造スプラインの精度と表面品質およびローラーダイス寿命にとって重要であり，油性の冷間塑性加工用潤滑剤や金属加工用の水溶性（エマルジョンタイプ）のクーラントなどが用いられる．軸方向に沿って複数のスプラインを有する製品の場合，**図3.17**のように，それぞれのスプライン諸元に対応した複数のローラーダイスを軸上に並列に取り付けて，被加工材を軸方向に移動させてインフィード方式で順次転造成形を行うこともある[16]．

図3.17 2ローラーダイス式インフィード転造装置による複数スプラインの加工例（Profiroll Technology GMBH）[21]

　自動車用のステアリングピニオンのような小径のインボリュートはすば歯車の冷間転造では，歯の盛上がりをドリブン側とフォロアー側で均等にして歯の精度を向上させる目的で，ローラーダイスの回転方向を転造の過程で1～2回逆転させることも行われる．

　動力伝達用のインボリュートはすば歯車の2ローラーダイスを用いた冷間転造については技術開発が継続されているが，モジュールが1.5以上の場合には，歯の盛上がりと材料流れの適正化，転造精度の向上およびローラーダイス寿命の向上などに課題が残されている[19),20]．

3.4.3 歯車の熱間転造

〔1〕 **転造方法の概略** [1)〜3), 21), 22)]

モジュールが2以上の平歯車やはすば歯車をローラーダイス方式で冷間転造することは, 過大な転造荷重とローラーダイスの歯に対する高い負荷および材料流れの困難さなどのために実際的でない. その種の中〜大型の歯車に対しては, 熱間での2ローラーダイス式創成転造が適している.

歯車の熱間転造においては**図3.18**に示すように, 無垢ブランクの外周部を熱間加工温度域まで高周波誘導加熱し, 引き続いて2個の歯車状ローラーダイスを回転させながらブランクに向かって対称に押込むことにより, 歯形を創成転造する. 所定の深さまでダイスを押込んだ後, ダイスの押込みを停止させて定寸と歯形の仕上げを行う. この場合のブランク加熱は, 転造成形に先立って円弧状の高周波誘導加熱コイルを用いて行われる.

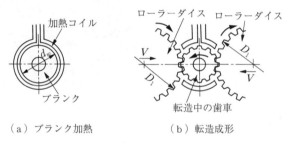

図3.18 歯車の熱間創成転造法 [3)]

ブランクの加熱としては, 外周面からモジュールの約3倍に相当する深さの範囲が900〜1150℃に短時間で急速加熱され, ブランク中心部域は低い温度に保たれる. それによって, 外周部での歯の成形に必要な塑性変形が容易になるとともに, ブランク全体としては高い剛性を保持されて真円度の低下が抑制される. 転造過程で被加工材外周部の温度が徐々に低下するが, 500〜600℃以下にならないように, 転造所要時間を短くする必要がある.

歯幅が小さい歯車を転造する場合には, ローラーダイスは歯車状の本体とその両側面に固定された拘束板によって**図3.19**のように構成される [22)]. 拘束板

は歯の成形過程における材料の歯幅方向材料流れ（はみ出し）を抑制して，歯の盛上がり変形を良好にするとともに歯幅を所定寸法に仕上げる役目をもつ．また，ブランクの外周面は歯幅方向に沿った歯の盛上がりを均一化する目的で，図3.19に示すように中央がへこんだ形とする．

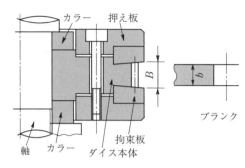

図3.19 ローラーダイスの構造とブランク（熱間転造）[22]

　図3.20は熱間転造歯車の一例である[3),23)]．正確な歯幅をもつ均一な歯たけの歯が成形され，歯面に加えて歯先面の成形も可能である．また，材料流れはなめらかであり，歯底部と歯元フィレット部および歯面の近傍で特に大きな塑性ひずみを受ける．このように，熱間転造法は冷間転造成形が困難な比較的モジュールが大きい（例えば，モジュール2〜4）歯車や高歯で歯幅が小さいはすば歯車の成形に適している．やまば歯車や接近した段付き部を有する歯車の転造成形も可能である．被加工材料としては，低〜高炭素量の炭素鋼および低合金鋼のほとんどが転造成形できる．

 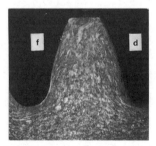

（a）転造歯車の外観（歯直角モジュール＝2.4，歯直角圧力角＝20°，ねじれ角＝30°，歯数＝65，全歯たけ＝6.7 mm，歯先外径＝184 mm，0.6%炭素鋼）

（b）転造歯車のメタルフロー（歯直角モジュール＝2.25，歯直角圧力角＝20°，ねじれ角＝23.5°，歯数＝35，SCR 420，d：ドリブン側，f：フォロアー側）

図3.20 熱間転造歯車の一例[3),23)]

〔2〕 **ダイスおよびブランク**

ローラーダイスとブランクの寸法，諸元は 3.2.2 項〔1〕に示した歯数の割切り条件を満たす必要があり，図 3.10 に示したような手順で設計される．健全な歯を成形するうえで，ブランク幅 b はダイス幅 B（≒転造歯車の歯幅）と全歯たけ h_t に対して

$$b = B - (0.2 \sim 0.4) \cdot h_t \tag{3.3}$$

が適当とされる[22]．

真インボリュート歯形のダイス歯を用いたとき，転造歯形は**図 3.21** に示すように歯たけの中央部（ダイスとのかみ合いピッチ点付近）がくぼんだものとなる．これは図 3.11 のような転造中の歯面荷重によるダイスと転造歯車の歯のたわみ変形，転造歯車歯先の圧下による歯先部の膨らみ変形，ダイスとの同時接触線長さの変動による歯面の塑性圧下量の変動およびダイス歯面とのすべり（図 3.6 参照）に伴う材料流れなどが複合された結果と考えられている．したがって，

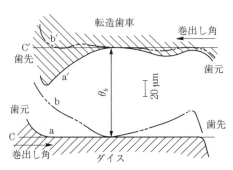

$m_n = 2.25$，$Z = 35$，ドリブン側
θ_b：かみ合いピッチ点
(a, a'：ダイス歯形が真インボリュートの場合)
(b, b'：ダイス歯形を補正した場合)

図 3.21 ダイスと転造歯車の歯形の対応例（熱間転造）[3]

この歯形誤差の絶対値は転造歯車とローラーダイスの諸元やダイス押込み量などの転造条件に依存して変化する．

歯形精度の向上のためには，図 3.21 中の b に示されているように，ダイス歯形に補正を加えることによって転造歯形の膨らみを抑えることが有効である[3]．なお，歯元フィレット部での材料流れを良くするために，ダイス歯先の角の丸みはできるだけ大きくかつなめらかにする．

転造されたはすば歯車のねじれ角は，通常はダイスのねじれ角より若干（0.1～0.2°程度）小さくなる[3]．これは転造時のダイスおよび転造歯車の歯の

たわみが両端部で大きくなること，後かみ合い側への材料流れを生じること，転造後の熱収縮変形などに起因する．このねじれ角誤差は，図3.10および図3.22に示したようにダイスのねじれ角を補正しておくか，あるいは転造時にローラーダイス軸を傾けてねじれ角を補正することによってなくすことができる．

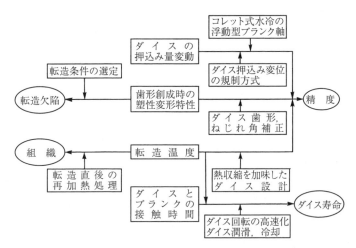

図3.22 歯車の熱間転造における主要条件因子[3]

ローラーダイス用材料としては，高温強度と焼戻し軟化抵抗および耐摩耗性とじん性のいずれも高いことが要求され，熱間加工用の合金工具鋼やモリブデン系高速度鋼およびそれらの改良鋼が候補となる．

〔3〕 **転 造 条 件**[3]

熱間転造歯車の品質に影響する主要な転造条件因子は図3.22に示すとおりである．まず，ブランク寸法と体積を適正に選ぶことおよびローラーダイスの押込み量を必要最小限にすることが重要である．ブランクの加熱温度やローラーダイスの平均温度の変化は，ダイス押込み量に影響を及ぼすので，それらの温度変動に対応してローラーダイスの押込みストロークを補正することは有効である．

ローラーダイスの押込み速度が小さいと歯のフォロアー側とドリブン側とで盛上がり変形の進行に差が大きくなり（3.2.1項参照），結果的にドリブン側

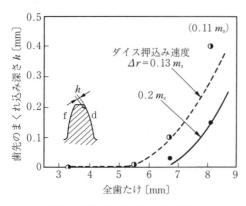

Δr：被加工材半回転当りのダイス押込み量
m_s：軸直角モジュール

図 3.23 歯先のまくれ込み深さに対するローラーダイス押込み速度の影響（熱間転造）[3]

の歯先付近でまくれ込みが発生する（図 3.23）．したがって，被加工材の半回転当りのダイス押込み変位は軸直角モジュールの 10～20％ の範囲内でできるだけ大きく選定する．また，転造の全過程を通じて，被加工材の中心に対して 2 個のローラーダイスの押込み速度をつねに高精度で均衡させる必要がある．

なお，ローラーダイス歯面には潤滑と冷却のために黒鉛系潤滑剤（水分散体）を転造過程を通じてスプレー塗布する．

〔4〕 **転造歯車の品質**[3), 22), 23)]

熱間転造されたはすば歯車の精度は，〔1〕～〔3〕で述べたような基本的条件を満たせば，前加工されたブランクの基準軸（軸穴，センター穴など）に対して，JIS-N 9 級相当の転造精度が得られる．ただし，ローラーダイスの精度は JIS-N 8 級以上が必要である．熱間転造歯車の精度をさらに向上させるには，後加工としてシェービングや歯面研摩などの歯面仕上げが有効である．

熱間転造歯車に浸炭焼入れ処理を施す場合には，浸炭温度が高い（950℃）と γ 粒の成長を生じて歯車強度が低下することがあるので，転造後に焼準処理もしくは短時間再加熱処理[22)]を行うことが有効である．適正に熱処理された熱間転造歯車の強度は，転造の代りにホブなどによる歯切り加工を用いたときと同等以上である．

熱間歯車転造を大型の自動車用フライホイール（球状黒鉛鋳鉄製）の製造に応用し（図 3.24），熱間転造条件と加工後の冷却速度を制御することにより，高い歯面硬さ（耐摩耗性）と歯の高じん性を実現した例[24), 25)]がある．

3.4 ローラーダイス方式　　　　　　　　73

（a）転造歯車の外観

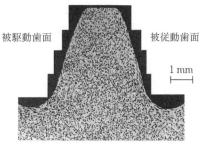

（b）転造歯車のメタルフロー

（モジュール＝2.53, 圧力角＝20°, ねじれ角＝0°, 歯数＝106, 全歯たけ＝5.59 mm, 歯幅＝13 mm, 外径＝271.3 mm, 転造温度：開始930℃, 終了780℃）

図 3.24 球状黒鉛鋳鉄（FCD 450）歯車の熱間転造例 [24),25)]

3.4.4 歯車の仕上げ転造

　歯車の仕上げ転造は，切削加工等によって歯切りされた歯車の歯面仕上げを行う加工であり，歯面精度の向上が主目的である．この方法では高精度な歯車状のローラーダイスの歯面を被加工歯車の歯面に押し付けながら一定時間かみ合い回転させることによって，被加工歯面に微少な塑性圧下量（通常は20～40 μm程度）を与えて歯面を矯正する．このとき，ダイスと被加工歯車の接触は歯面でのみ行われ，両者の歯先と歯底は接触させないのが普通である．また，塑性変形はおもに歯面表層近傍に集中して生じる．

　転造装置としては，図3.15および表3.2に示したような，2ローラーダイス式のインフィード転造装置がおもに用いられる．加工は室温（冷間）で行われ，被加工歯車は通常は自由回転状態で支持される．

　仕上げ転造の特長は，加工能率が高いこと，安定した仕上げ精度が得られること，さらに仕上げ転造後の歯面粗さが大幅に小さくなることなどである．

　仕上げ転造中のダイスおよび被加工歯車の歯には，両者の接触点において図3.11に示したような歯面荷重（ただし P_h は除く）が作用する．これらの荷重によって，被加工歯面には接触部の近傍で局所的な塑性押込み変形を生じるとともに，ダイスと被加工歯車の両方の歯に弾性たわみを生じる．接触点がダイ

スまたは被加工歯車の歯先部にあるときは，それぞれの歯の弾性たわみが大きくなるために歯面荷重の上昇程度が小さく，被加工歯面に生じる塑性押込み量は小さくなる．したがって，それぞれの歯形が真インボリュートに近いダイスおよび被加工歯車を組み合わせて仕上げ転造すると，転造後の歯形は歯たけの中ほどがくぼむ傾向を示す．

また，各接触点における歯面荷重の大きさはそのときの転造力と同時かみ合い長さ（接触線長さ）に依存し，被加工歯車の前加工歯形誤差は実質的に転造加工代を変えることになるので，これらはいずれも被加工歯面の塑性押込み量に影響を及ぼして，仕上り歯形を変化させる要因となる．

誤差の小さい仕上り歯形を得るには，歯たけの中ほどをくぼませた修正歯形や歯すじに補正を施したダイスを用いるとともに，被転造歯車の前加工時の歯形誤差（特にばらつき）を小さくすること，および転造力と転造時間を適正に

（a）転造加工主要部

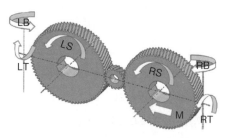

（b）ローラー軸傾斜機構（LB，RB：テーパー調整機構，LT，RT：ねじれ角調整機構）

（c）焼結歯車諸元

モジュール	3.0
圧力角	20°
歯　数	20
ねじれ角	20°
歯幅〔mm〕	23.0
外径〔mm〕	68.59

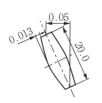

（d）目標歯すじ形状

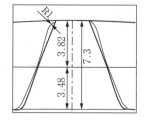

（e）ローラーの修正歯形

図 3.25 焼結歯車の冷間仕上げ転造に使われた転造装置，歯車およびローラー歯形[27]

選ぶことが重要である．実際には，通常の切削加工で歯切りされた後の冷間仕上げ転造は，上記のように多くの加工パラメータを最適化する必要があるため，その実用例は限られている．

一方，粉末焼結歯車の精度の向上と歯面表層部のち密化による強度の向上のために，焼結後に冷間仕上げ転造を行うことは有効である[26),27)]．焼結歯車の冷間仕上げ転造の実施例を**図3.25**および**図3.26**に示す[27)]．この事例で用いられた転造装置には，図3.25に示されたように，転造歯車の歯すじのねじれ角とクラウニング量をCNCで補正する機構（ローラー軸傾斜機構LB，RB，LT，RT）が備わっている．また，ローラーの歯形は修正されている（図3.25（e）参照）．その結果，図3.26に見られるように，仕上げ転造によって歯形と歯すじの精度（ねじれ角およびクラウニング）は大幅に向上している．

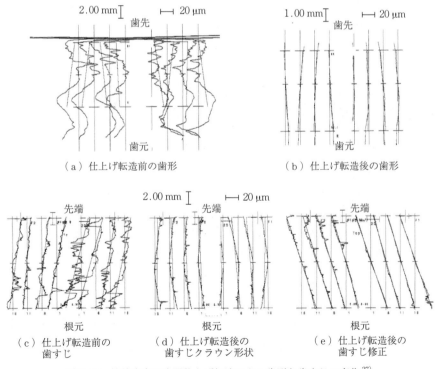

図3.26 焼結歯車の冷間仕上げ転造による歯形と歯すじの変化[27)]

3.5 その他の歯車転造方式

3.5.1 WPM 法[28)〜30)]

〔1〕 加工方法の概略

この転造法は1970年代の中ごろに Prof. Z. Marciniak によってポーランドで開発された．図3.2(d)および**図3.27**に示したように，内歯を備えた一対のセグメントダイスをたがいに平行を保ったままで同期させながら一定直径の円運動をさせることにより，歯車の冷間創成転造を行う．転造歯車とダイス歯のピッチ円直径を d および D とすると，ダイスの円運動の直径 d_1 は $d_1 = D - d$ である．被加工材はダイスとの接触がない間（図3.27中で（f）→（a）→（b）の間）に軸方向に送られる．そのため，ダイスの被加工材入口側（成形部）では歯先円（内径）がテーパー状にしてある．

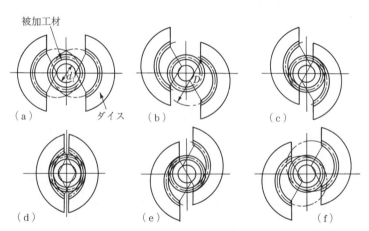

図 3.27 WPM 法のダイス運動[28),29)]

本法の特徴としては，つぎのような事柄があげられる．
（1） ローラーダイスおよびラックダイスに比べて，ダイス歯の歯元厚さが大きくできるので歯の曲げ強度が高い．被加工材とダイスの間の周速差も小さい．そのためダイス寿命が長い．

（2） モジュール2.5以上のインボリュート歯形部品（スプライン軸等）の成形が可能である．

（3） ダイスと被加工材との間の円周方向接触幅が大きくとれるので，成形が安定である．

〔2〕 転造装置および転造品

転造装置は被加工材を水平に送る横形で，成形ヘッドと被加工材フィーダーおよび被加工材先端センター支持部を備えている．被加工材の回転運動はダイス駆動用偏心軸から歯車式の伝達機構を介して与えられる．WPM転造機としては，成形品の最大直径が120 mmのものまで開発されている．

WPM法はおもにインボリュートスプライン軸の冷間成形に用いられる．その例を**図3.28**[29),30)]に示す．WPM法の加工能率はホブ加工より高い．なお，WPM法の

図3.28 WPM法によって成形されたスプラインの例 [29, 30)]

加工原理は丸棒やパイプなどを細く絞る目的にも利用できる（WPMR法）．パイプ素材にスプライン軸状の歯付きマンドレルを挿入してこの方法で加工すれば，インターナルスプラインなどの内歯成形ができる．

3.5.2 Ｇｒｏｂ法[31),32)]

〔1〕 加工方法の概略

本法はErnst Grob社（スイス）で開発され，特にスプライン軸の冷間成形法として長い実用実績をもっている．図3.2（c）および**図3.29**に示すように，同期して遊星回転を行う一対または二対の総形ローラーによって，歯形を被加工材の円周方向に沿って逐次的に成形転造（冷間）する方法である．各ローラーは2本のローラーヘッドスピンドル上に回転自由な状態で保持され

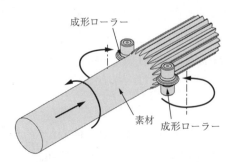

図 3.29 Grob 方式の転造模式図[31]

る．その各スピンドルは被加工材の軸に対してほぼ直角に高い剛性で支持され，たがいに同期回転する．被加工材はローラースピンドルと同期回転しつつ軸方向に送られる．

ローラーの形状は成形すべき歯形に合せたものとなるが，転造歯数が奇数の場合には**図 3.30**に示すように非対称となる．

本法ではインボリュート歯形のスプライン軸や平歯車の成形のほかに，角形スプライン軸やラチェットなどの成形も可能である．加工は冷間で行われ，良好な歯面仕上げ（$R_a \simeq 0.4\,\mu m$）が得られる．また，図3.1（b）に示したようにローラー押込み変形に無理が少ないので，良好な材料流れが得られ，ローラー寿命も長いこと，ローラー形状が単純なこと，大きな直径のものが成形できること，ホブ加工に比べて加工能率と精度が高いことおよび長尺（～10 m）のスプライン軸の成形

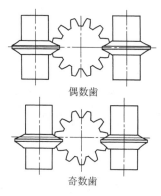

図 3.30 Grob 方式のローラー形状[30]

ができることなどの特徴がある．一方，成形中の加工音が他法に比べて大きく，歯幅の小さい歯車を得るには長尺の成形品を短く切断する必要がある．また，直径が急に増加するような段付き部の至近位置まで歯を成形するのは難しい．

〔2〕 転造装置および転造成形品

実用装置は，ローラーヘッドスピンドルが垂直に配置され，被加工材が水平方向に送られる形式のものである．その主要諸元の例[31),32)]を**表3.3**に示す．被加工材へのローラー押込み量は，2本のローラーヘッドスピンドルの間隔調

3.5 その他の歯車転造方式

表 3.3 Grob 式冷間転造装置と成形可能スプラインの主要諸元の例（ソリッド材料成形用）[31],[32]

	転造装置	C 6	C 9 T	C 9 T-Helix
転造可能なスプライン	最大モジュール	2.3	3.5	3.5
	最大長さ [mm]	1 100	1 450～1 650	(400)
	最大外径 [mm]	80	120	20～120
	その他		平行歯形スプラインの成形可	スパイラルスプラインの成形用，ヘリックス角度：～30°

整用ねじ機構によって高精度に設定される．ローラーは通常は高速度鋼製であり，その寿命は摩耗よりむしろ材料の疲労によって決まる．**図 3.31** に Grob 法で転造加工されたスプラインの例[31]を示す．

Grob 法では，低～中炭素鋼素材から圧力角 14.5°および 20°，DP（ダイヤメトラルピッチ）=6～48，外径～6 インチのスプライン軸または平歯車が成形可能である[31]（図 3.31 参照）．それに加えて，**図 3.32** に示すように，平

図 3.31 Grob 法で成形されたスプライン軸と板材歯付きプーリの例[31]

板素材からスピニング成形された円筒形カップをマンドレルにかぶせて歯形成形を行うことによって，板材製の歯付きプーリ（図 3.31 参照）や内歯スプラインの成形もできる[31]．またスパイラル歯車（軸）の成形機も開発されている[32]．

成形時に材料はおもに歯先に向かって盛り上がるが，軸の歯の端部では軸方向材料流れを生じて成形歯たけが減る．転造歯形は，成形中の歯先の弾性たわみ（曲がり）などのためにローラーの形状とは正確には一致せず，歯先部で圧力角が減少するなどの誤差傾向を生じる．この誤差をなくすには，ローラー形

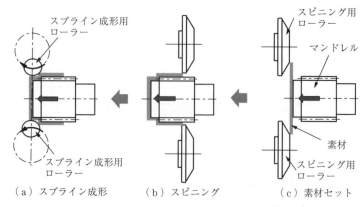

(a) スプライン成形　　（b）スピニング　　（c）素材セット

図 3.32 スピニングと Grob 法を組み合わせた板材歯付きプーリの成形[31]

状に基礎円補正などを加える．また，転造されたままの長い歯付き棒の状態では高い歯すじ精度が得られ，スプライン品質は DIN 5～7 級または AGMA 6～8 クラスとされている．

なお，成形された歯には表層部でより強く加工硬化を生じ，その荷重負荷能力（歯面疲労強度，歯元曲げ疲労強度）は，歯面とフィレット部の表面粗さが小さいこともあって，ホブ切りやシェービングおよび歯面研磨などで加工されたままの歯より高いことが示されている．

3.5.3　リングローリング方式

直径が 300～400 mm あるいはそれ以上で，リム部の肉厚が歯たけの約 2 倍以下のような大径・薄肉の外歯のリングギヤは，前述のような各転造法では成形が難しい．その主原因は，転造中の圧延変形のために被加工材の周長と直径が増大して，転造精度が得られないところにある．しかし，図 3.3（a）に示したように，内歯ダイスとマンドレルロールを用いたリングローリング方式によれば，薄肉リングギヤの冷間成形が可能である．この方法では，リング状ブランクに対して内側からマンドレルロールを回転させながら押し付けることによって，外側の内歯ダイスの歯溝に材料を順次押し込んでリングギヤに成形する．この場合，ブランクと内歯ダイスをともに回転させる方式とマンドレル

ロールに遊星運動を与える方式が可能である．

この方法は一種の成形転造法であり，成形歯形はほぼ内歯ダイスの歯形に一致したものとなり，成形品の直径と真円度も確保しやすい．一方，マンドレルロールに必要な加工力はかなり大きく，歯幅方向への材料逃げの抑制も不可欠なので，マンドレルロールの支持方法と形状，ダイスの構造などに工夫がいる．また，成形終了後に成形品を内歯ダイスから抜き出す際には，大きな力を必要とする．

3.5.4 かさ歯車の熱間転造[2]

図3.3（b）に示した方式は，旧ソビエトで開発されたもので，トラックやトラクタ用の大型かさ歯車（ベベルギヤ）を対象とした熱間転造法である．転造後に仕上げ歯切りを行うことを前提に，歯形の荒成形工程の高能率化と材料節約をおもな目的としている．外径300～350 mm，最大歯幅50 mm，最大歯たけ20 mm，コーン角度62～74°のベベルギヤが，800～1 150 ℃（歯形成形部温度）で成形される．

転造成形は，上側の歯形成形用のダイスを回転させながら下側のブランクに向かって油圧方式で圧下することによって行われ，被加工歯車とダイスは外側の同期歯車を介して同期回転する．

引用・参考文献

1) 葉山益次郎：回転塑性加工学，(1981), 197-220，近代編集社．
2) 成瀬政男監修：歯車の塑性加工，(1963), 養賢堂．
3) 団野敦・田中利秋：熱間転造はすば歯車の精度に及ぼす転造条件の影響，塑性と加工，**28**-320, (1987), 964-971.
4) Saleem, A.：Simulation of Gear Rolling by Flat Tools, Master's Thesis, Department of Production Engineering and Management, (2013), 1-64, KTH Industriell Teknik Och Managemant, Stckholm, Sweden.
5) Khodaee, A.：Gear Rolling for Production of High Gears, Licentiate Thesis, (2015), 1-73, KTH Royal Institute of Technology, Industrial Engineering and Management, Stckholm, Sweden.

6) 例えば，中田孝：転位歯車（新版）(1971)，誠文堂新光社．
7) NACH 不二越ホームページ：http://www.nachi-fujikoshi.co.jp/kos/pre/pfm-x_a.htm（2018年11月現在）
8) エヌ．エッチ．ケー．ビルダー ホームページ：http://www.nhk-builder.co.jp/down/ct400.pdf（2018年11月現在）
9) CKN ホームページ：http://cnk.co.jp/business/machine/（2017年11月現在）
10) UNION TOOL Co. ホームページ：http://www.uniontool.co.jp/product/pdf/rollingmachine_rf.pdf（2018年11月現在）
11) Anderson-Cook Inc. ホームページ：http://www.andersoncook.com/machine-tools/（2011年11月現在）
12) 木村敬生：Hyper Shot フォーミングラック, NACHI TECHNICALREPORT, **24** B2, (2012), 1-4.
13) オーエスジー Technical Data, シリーズ 21, (2008), 28-32.
14) 永田英理・飯沼和久・中村守正・森脇一郎：小歯数・大ねじれ角を有するはすば歯車の転造成形―成形可能性の検討―, 塑性と加工, **53**-616, (2012), 439-444.
15) 永田英理：高効率電動アクチュエータを支える歯車の成形転造, 自動車技術, **70**-6, (2016), 54-58.
16) ProfiRoll Technologies GMBH ホームページ：https://www.profiroll.com/en/process/spline-rolling/（2018年11月現在）
17) 西島ホームページ：http://www.nishijima.co.jp/products.php#rollingMachines（2018年11月現在）
18) ニッセー ホームページ：http://www.nisseiweb.co.jp/（2018年11月現在）
19) Neugenbauer, R. & Hellfritzsch, U.：Innovations in Rolling Quality-Enhanced Gear Tooling, 8 th International Conference on the Technology of Plasticity (ICTP), Paper, No. 54, (2005).
20) Milbrandt, M., Lahl, M., Helfritzsch, U., Sterzing, A. & Neugenbauer, R.：Rolling Processes for Gear Manufacturing- Potentials and Challenges, International Conference on Competitive Manufacturing (COMA'13), (2013).
21) Landgrebe, D., Sterzing, A., Lahl, M., Milbrandt, M. & Manuela, A.：Hot forming of large super gear, Procedea Engineering, 207 (Proceedings of 12 th International Conference on the Technology of Plasticity (ICTP), (2017), 615-620.
22) 田中利秋・松井宗久・澤村政敏・団野敦：熱間転造歯車のメタルフローと浸炭後の疲労強度, 塑性と加工, **30**-342, (1989), 1038-1043.
23) 田中利秋・松井宗久・澤村政敏・土屋能成・団野敦・大西昌澄・宮本典孝・船津準：はすば歯車の熱間転造精度向上要因と温間仕上げ転造の効果, 平成11年度塑性加工春季講演会, (1999), 295-296.

24) Tanaka, T., Sawamura, M., Tsuchiya, Y., Danno, A., Ohishi, N., Fujiwara, Y,. & Yamamoto, I.：Development of Ductile Cast Iron Flywheel Integrated with Hot-Form-rolled Gear, SAE Technical Paper, No.980568, (1998).
25) 田中利秋・松井宗久・澤村政敏・土屋能成・団野敦・大西昌澄・藤原康之・山本出：鋳鉄歯車の転造加工熱処理（その1 球状黒鉛鋳鉄歯車の熱間転造成形），第49回塑性加工連合講演会，(1998), 403-404.
26) 竹増光家・小出隆夫・武田義信・新仏利仲：表面転造 Cr-Mo 焼結歯車の精度と強度，自動車技術会春季講演会，No. 20085113, (2008).
27) Sasaki, H., Shinbutsu, T., Amano, S., Takemasu, T., Sugimoto, S., Koide, T. & Nishida, S.：Three-dimensional complex tooth profile generated by surface rolling of sintered steel herical gears using special CNC form rolling machine, Procedia Engineering, 81 (2014), Proc. 11 th International Conference on Technology of Plasticity (ICTP), (2014), 316-321.
28) Marciniak, Z. & Copacz, Z.：WPM and WPMR transverse cold rolling processes, Proceedings of 1 st International Conference on Rotary Metalworking Processes (RoMP 1), (1979), 367-380.
29) Eichner, T.：Finding of geometrical parameters as a base of In-process metrology system in WPM gear forming, Ph.D Thesis, Cracow University of Technology, Department of Mechanical Engineering, (2013).
30) Linder, I., Erchner, T., Sladek, J. & Wieczorowski, M.：In-process quality control approach in metal forming of splined machine elements, Proceedings of 11 th International Symposium on Measurement and Quality Control 2013, (2013).
31) ERNST GROB AG ホームページ：http://www.ernst-grob.ch/en, (2018年11月現在)
32) ERNST GROB AG ホームページ：http://www.ernst-grob.com/application/files/4915/0531/1555/2017.09.EGAG_Flyer_C9T_Helix_EN_V1.0.pdf, (2018年11月現在)

4 クロスローリング

4.1 加 工 方 法

クロスローリングとは**図 4.1**に示すように，同一方向に回転するロールの間に丸棒素材を挿入し，ロールが1回転する間に1個ないしは数個の段付き軸部品を得る，ロールによる鍛造法の一つである．

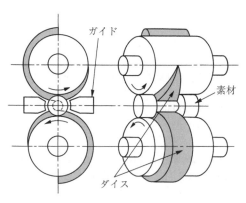

図 4.1 クロスローリング
（ロールダイス方式）

本加工法に関する加工原理の発想自体は，かなり古くからあったが[1)~3)]，実用化されたのは 1960 年代初頭チェコスロバキアの Holub によるものが初めてとみなされている[1)]．

その後イギリスの Redman 社ではチェコスロバキアのものと同種のロールダイス方式のもの（図 4.1）が，また，旧東ドイツの Erhurt 社では，ロールの代りに，2個の平板に金型を取り付けた，フラットダイ方式（**図 4.2**）のものがおのおの開発された．

一方，国内でも，量産性に着目した自動車メーカーなどで 1965 年ごろから実用化研究が進められ，本加工法の基本的特性や，最大直径 110 mm までの段

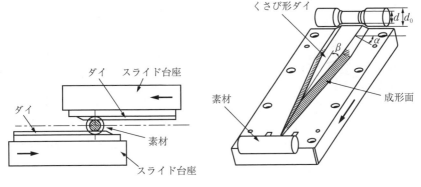

図 4.2 フラットダイ方式のクロスローリング

付き軸を成形できる生産機の開発などについての報告がなされた[2)~9)]．現在，本加工法は，国内外自動車メーカーの大半で採用されており，特に，ミッションギヤの素材の加工や，熱間型鍛造の予備成形などに多用されている．

上記のように，クロスローリングは，ロールダイスを用いる方法と，フラットダイを用いる方法，ロールを用いる方式でも，2個のロールを用いる場合と3個のロールを用いる場合（**図 4.3**）[6)]もある．クロスローリングは，通常は熱間加工であるが，冷間での加工も試みられている．ここでは最も代表的な2ロール方式の熱間クロスローリングについて，その概要を述べる．

2ロール方式のクロスローリングでは図4.1に示したように同一方向に回転する一対のロールに同一形状をもつダイス（金型）がそれぞれ取り付けられている．

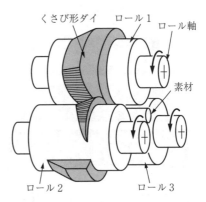

図 4.3 3ロール式クロスローリング（模式図）[6)]

図 4.4 は最も基本的なダイスの展開図を示しており，ダイス幅が次第に広がるくさび形をしていることが特徴である．このようなくさび形ダイスの重要な

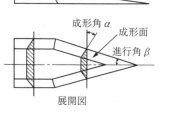

図4.4 基本ダイス

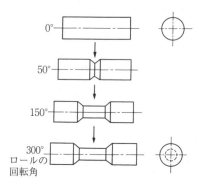

図4.5 成形の過程

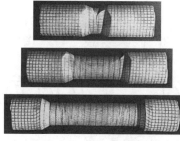

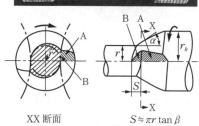

$S \fallingdotseq \pi r \tan \beta$

図4.6 成形過程における素材変形[2]

形状パラメータは,成形角 α および進行角 β である.

加熱された棒材(通常,丸鋼)は,2個のロールの間に軸方向に挿入される.したがって,ロールの回転によるダイスの進行方向は加熱素材の軸に直角であり,ロール間に挿入された素材はロールの回転とともに図4.5に示すように,ダイスによって回転させられながら徐々に軸方向に押し伸ばされ,ロールの1回転につき1個ないしは2個以上の成形品が得られる.

図4.6に見られるように,加工中の素材の延伸変形は段付き部近傍でのみ逐次的に進行し,変形の進行ピッチ S は図中に示されているように素材半径とダイスの進行角 β によって決まる.

図4.4には最も基本的なダイス形状と成形品を示したが,これらから容易に推察されるように,ダイスの形状を変えることによって,図4.7に示すような種々の形状の段付き軸を成形することができる.通常,成形される段付き製品の最大外径は素材の直径とほぼ等しい.また,図4.8に示すようにダイスの

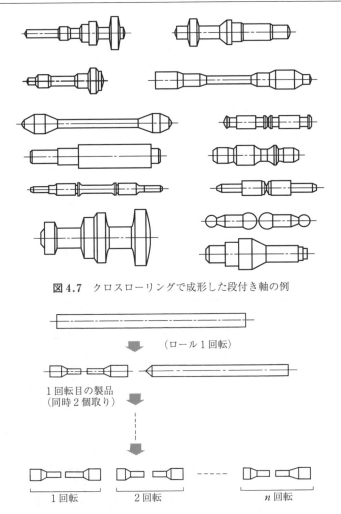

図 4.7 クロスローリングで成形した段付き軸の例

図 4.8 カッターダイスの利用例 –1（長尺ビレットからの1回転同時2個どり）

最終位置に鋭い刃をもったカッターダイスを取り付けることによって，ロールの1回転中に成形された製品を切断したり，一本の長尺素材から連続的に複数の製品を得ることができる．また，この切断刃は，製品端部の未加工部やスクラップ部分を切断し分離するのにも利用できる（**図 4.9**）．

なお，**図 4.10** は，実用に供されるダイスの例を示している．実用のダイス

図4.9 カッターダイスの利用例-2

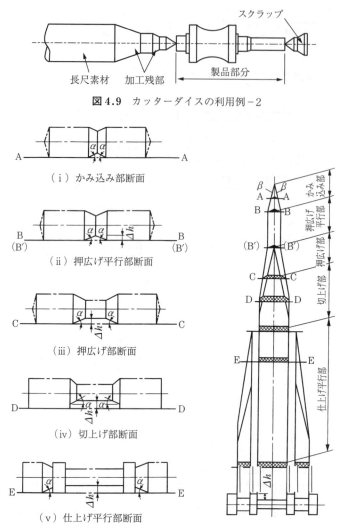

(ⅰ) かみ込み部断面

(ⅱ) 押広げ平行部断面

(ⅲ) 押広げ部断面

(ⅳ) 切上げ部断面

(ⅴ) 仕上げ平行部断面

(a) 転造の過程　　(b) 展開図と転造品形状

図4.10 実用ダイスの例

は図4.4の基本ダイス形状をベースにしているが，相当複雑な形状をしており，随所に種々の工夫がなされている．図(b)にはダイスの展開形状と製品形状，また図(a)には成形の過程をダイス断面(A-A, …, E-E)に対応して

示している.このように,一般に,ダイスはかみ込み部,押広げ平行部,押広げ部,切上げ部,仕上げ平行部などから成り立っている.

かみ込み部でダイスは素材にかみ込んでV形溝の深さを順次増加させ,押広げ平行部(省略されるケースも多い)において素材全周に均一なV形溝を成形する.押広げ部では素材は軸方向に押伸ばされ,最終的に切上げ部で所望の段差部形状が成形される.ここで,切上げ部においては,図4.10(b)の下方に示すように軸に対して直角な段差面を成形するために,後述(4.3.2項)のように,ダイスによる排除体積と素材(未加工部)の軸方向伸び体積の変化増分が釣り合うようなダイス形状にする.さらに,仕上げ平行部は製品形状,精度を出すために設ける部分で,ここで目標寸法にならされ,かつ,曲がり矯正が行われる.

以上の各部分において,成形角 α,進行角 β はほぼ一定であり,成形角 α の傾斜をもつ面を成形面と呼んでいる.

このように,クロスローリングはロールを用いる逐次成形法であるから
 (1) 騒音,振動が小さい.
 (2) 成形力が小さく,このため,設備がコンパクトになり自動化も容易である.
 (3) ロール1回転で1個ないしは多数個の製品が得られるので生産性が高い.

などの長所をもっている.一方,
 (1) 形状の異なる製品には,それぞれに対応した異なる形状のダイスが必要となるので,少量生産にはあまりメリットがない.
 (2) クロスローリング自体がマンネスマンせん孔法に類似していることもあり,転造条件によっては製品に内部欠陥が生じやすい.また,そのほか,転造法に特有の種々の製品欠陥が生じやすく,これらの防止に種々の工夫を要する.
 (3) 現時点では,対象製品は軸対称な丸物部品に限定される.

などの制約条件もある.これらの制約条件を克服しつつ,本加工法の長所を生

かして生産現場に適用されてきた．また，これらの制約条件を乗り越えるための研究も地道に続けられてきた[8)~13)]．

4.2 クロスローリングの基本的特性

クロスローリングの基本的特性については多数の報告がなされているが[2)~7)]，要約するとつぎのことがいえる．

（1）成形角 α，進行角 β に適正な選定範囲があり，これらの選定を誤まると，加工中に素材がダイス間でスリップする．また，軸部に過大な軸力が発生してくびれが生じたり，逆に軸力が小さすぎる場合には，軸部が楕円状になり，製品の軸中心部にもみ割れや軸部表面のオーバーラップ傷などが発生することもある（**図4.11**）．

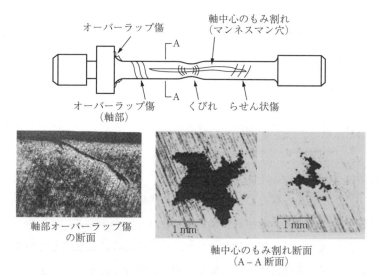

図4.11 転造品に生じる代表的な欠陥例[2),7)]

軸中心部におけるもみ割れ（マンネスマン欠陥）は，**図4.12**に示されるように，転造中に素材の中心部にせん断応力・せん断ひずみと二次的引張応力が繰返し作用することによって発生する．

（2） 前節で述べたように，切上げを適用するとほぼ軸に直角のフランジ面が得られるので従来の型鍛造に比べて抜きこう配が小さくとれる．また，必要に応じて，素材の直径よりも大きな製品を得る盛上げ成形も可能である．

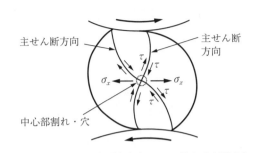

σ_x：二次的引張り応力　　τ：最大せん断応力

図4.12　素材中心部の応力状態（模式図）

（3） 前述のように，カッターダイスを併用することにより，製品の分離ができ，このため，長尺材からの連続成形や，ロール1回転について複数個の製品を得ることも可能である．

（4） 素材の端面まで縮径加工を行う場合には，後述のように端面にコンケーブ（へこみ）を生じる．このために材料の歩留りが悪くなる場合がある．

4.3　クロスローリングのダイス形状

4.3.1　成形角 α，進行角 β の選定

加工中の素材とダイス間のスリップ，軸部に生じるくびれやもみ割れ（マンネスマン欠陥）などの諸欠陥の発生は，ダイスの基本的形状を定める成形角 α，進行角 β と密接な関係があり，これらの制約から実用的に用いられる α，β および最大断面減少率は，その範囲が限定される．図4.13は，成形角 α と断面減少率 R が諸欠陥の発生に及ぼす影響を示す実験例[2]（$\beta=6°17'$，S 55 C，1 150℃）である．欠陥（軸部のくびれ，らせん状跡，ラッピング傷，など）を発生することなく成形できる最大断面減少率は成形角 α に強く依存し，$\alpha=20°$で約70％，$\alpha=30°$で約55％である．また，中心部のもみ割れの危険性を

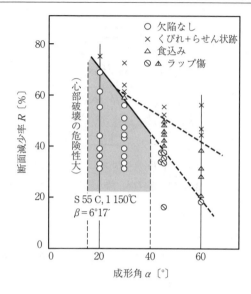

図4.13 製品に発生する欠陥とダイス成形角および断面減少率の関係[2]

考慮すると,適正な成形角は15～30°である.一方,葉山によると一般的な α, β の実用範囲は次式で与えられる[8].

$$1.09\beta^{-0.725} \sim 1.93\beta^{-0.925} \geq 0.15 + 0.0038\alpha \geq M\beta^{-0.325} \qquad (4.1)$$

ここで,左辺の左側($1.09\beta^{-0.725}$)は工具表面に大きな摩擦力を期待できない場合に対して,工具と素材間の摩擦係数 μ_t を0.3と見込んだ場合に相当し,右側($1.93\beta^{-0.925}$)は μ_t を0.35とした場合である.また,右辺 M の値は通常0.35とし,内部欠陥が生じやすい材料の場合0.4を採用すると,ほぼ実用化されているダイスの条件と一致する.

図4.14に α-β の選定線図を図示するが,図中,破線の矩形が,粟野ら[2],矢野ら[4]のすすめる α,

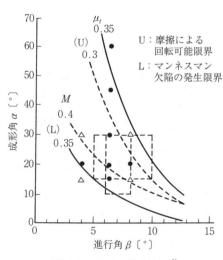

図4.14 α-β の選定線図[8]

4.3 クロスローリングのダイス形状

β の範囲であり,ほぼ,$\mu_t = 0.35$,$M = 0.35$ の範囲内に入っている.

一方,ダイス長をできるだけ短く抑えてロールの直径を小さくし,設備をコンパクトにするためには,β をできるだけ大きくとりたいために,実用的には α は 30°どまりとなる場合が多い.したがって,成形角 α よりも大きい角度をもつ段差面を成形する方法として次項の切上げ法を採り,これにより成形角の大きさに拘束されることなく最大 90°の角度をもつ面を成形することができる.

4.3.2 成形角 α より大きい傾斜面を成形する切上げ法[9]

前述のように,実際の応用に際しては,段差部分を成形角 α (一般的に 30°どまり) より大きな角度をもつ急斜面に仕上げたい場合が多い.これを可能にするように考案されたのが切上げ法であり,ほぼ軸に対して直角な断面形状が得られる.

この方法は,成形角 α の成形面のすそ野の一部を切り取って,成形面で加工する体積をコントロールすることによって素材の軸方向の伸びをコントロールし,任意の角度を創成しようというものである.

図 4.15 に切上げ法による成形過程を,また,図 4.16 に切上げ成形中の素

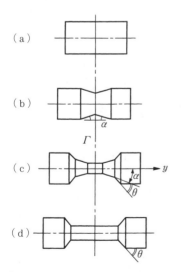

図 4.15 切上げ法による成形過程

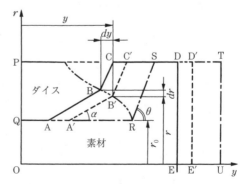

図 4.16 切上げ成形中(図 4.15 (c))の断面形状の変化

材とダイスの断面形状の変化を示す．図 4.16 中，一点鎖線で示す $\overline{\mathrm{QRSTU}}$ が最終的に成形して得たい断面形状で，斜面 $\overline{\mathrm{RS}}$ は成形角 α より大きい角 θ をもっている．曲線 RB′B（図中二点鎖線）の部分で成形斜面はすそ野を切り取られており，$\overline{\mathrm{RS}}$ に平行な（角度 θ をもつ）斜面 $\overline{\mathrm{BC}}$，$\overline{\mathrm{B'C'}}$ につながっている．

基本的な考え方は，成形角 α をもつ成形斜面 $\overline{\mathrm{AB}}$，$\overline{\mathrm{A'B'}}$ が素材の加工を行い，すそ野の斜面 $\overline{\mathrm{BC}}$，$\overline{\mathrm{B'C'}}$ では，素材の加工は行わず，単に素材の伸びに追随して動く壁としている．ここで，曲線 RB′B を切上げ曲線と呼ぶ．

いま，図 4.16 において，型の成形面 $\overline{\mathrm{AB}}$ と側面 $\overline{\mathrm{BC}}$ が微小量 $(dy, -dr)$ だけ進み，それぞれ $\overline{\mathrm{A'B'}}$，$\overline{\mathrm{B'C'}}$ の位置にきたとき，素材の外郭線 QABCDE もまた，QA′B′C′D′E′ の位置に進んだとする．

この場合，角度 $\theta(>\alpha)$ をもつ斜面（$\overline{\mathrm{BC}}$ と $\overline{\mathrm{B'C'}}$）で素材を加工しない条件として，$\overline{\mathrm{CD}}=\overline{\mathrm{C'D'}}$ とする．そして，図 4.17 に示すように，長さ $\overline{\mathrm{CC'}}$ だけ素材 OQA′B′C′D′E′ を原点方向に移動させ，これを O″Q″A″B″C″D″E″ とすると，点 C″，D″，E″ は，それぞれ，点 C，D，E に重なる．

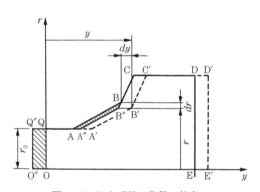

図 4.17　切上げ部の体積の釣合い

したがって，体積一定の条件から，回転体 OQQ″O″ の体積は回転体 ABB″A″ の体積と等しく，次式が成り立つ．

$$\pi r_0^2 (-dy + dr \cot \theta) = \pi (r^2 - r_0^2) \cdot dr \cdot (\cot \alpha - \cot \theta) \tag{4.2}$$

これから，つぎの微分方程式が得られる．

$$\frac{dy}{dr} = \left(\frac{r}{r_0}\right)^2 \cot \theta + \left[1 - \left(\frac{r}{r_0}\right)^2\right] \cot \alpha \tag{4.3}$$

ここで，r_0：軸部の半径．

この微分方程式の解は，点 R の座標を (y_0, r_0) とすると

4.3 クロスローリングのダイス形状

$$y = y_0 + \frac{\cot\theta - \cot\alpha}{3\,r_0^2}(r^3 - r_0^3) + \cot\alpha \cdot (r - r_0) \tag{4.4}$$

となる.ただし,この解は**図4.18**に示すように,成形面の頂上(点AやA′)が,素材の軸部(半径r_0の部分)と接している場合(図4.18の領域Ⅰ)に成り立つ.したがって,**図4.19**に示すように,成形面の頂上が一つ前の段差の側面に沿って上下する場合(図4.19の領域Ⅱ)は,体積の釣合い式が変わり,式(4.3)の微分方程式の代りに式(4.5)のようになる.

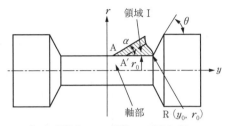

(切上げ部は一つの領域Ⅰで表される)
図4.18 軸部の幅が十分大きい場合

$$\frac{dy}{dr} = \left(\frac{r}{r'}\right)^2 \cot\theta + \left[1 - \left(\frac{r}{r'}\right)^2\right] \cot\alpha \tag{4.5}$$

ここで,$r' = r - y\tan\alpha$である.

この解は式(4.6)で与えられる.

$$y = \left\{ r - \left[\left(1 - \frac{\cot\theta}{\cot\alpha}\right)(r^3 - r_1^3) + r_0^3\right]^{1/3} \right\} \cot\alpha \tag{4.6}$$

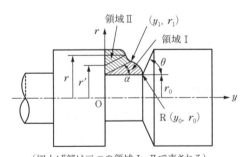

(切上げ部は二つの領域Ⅰ,Ⅱで表される)
図4.19 軸部の幅が狭い場合

ただし,この解は図4.19に示すように,左側が軸に対して直角で右側が角度θをもつ場合で,(y, r)座標は図中のOを原点としている.

実際には,図4.18,図4.19に示す絞り軸の形は複雑な場合が多いので,基本式(4.5)を用いて切上げの終了点R(y_0, r_0)から逐次数値積分して切上げ曲線の形を求めるほうが容易である場合が多い.この場合,r'は,製品外郭線と成形面の交点のr座標とする.

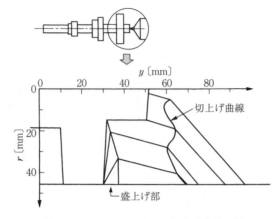

図 4.20 カッターダイスの切上げ曲線の例

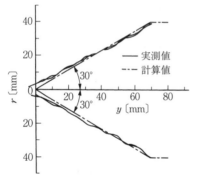

図 4.21 カッターダイスによる切断形状の計算値と実測値

なお，図 4.20 にカッターダイスによる予備成形（後述の 4.3.5 項参照）において，予備成形角度を 30°（半角）として設計計算した例をダイス断面形状で示す．また，図 4.21 は，このカッターダイスで実際に試作した製品形状の測定結果を示すが，このように，この手法によりほぼ目標とする角度の斜面を成形することが可能である．

4.3.3 くびれを防止する方法-1　2 段成形法

さきに成形角 α，進行角 β の選定範囲について述べた際に，限界断面減少率の考え方についても述べたが，実際の応用で軸部を図 4.13 に示されたような限界断面減少率以上に細く絞りたい場合には，ここで述べる 2 段成形法または，次項で述べる転圧法を用いる．

まず，2 段成形法は，図 4.22 に示すように，1 回の成形では限界断面減少率を越えて軸部にくびれを生じるようなときに，成形を 2 回に分けて行い，くびれを防止する方法である．この場合，当然，ダイス長が長くなるが，考え方

4.3 クロスローリングのダイス形状

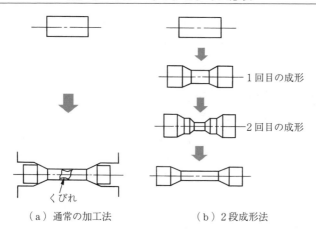

(a) 通常の加工法　　　(b) 2段成形法

図 4.22 減面率の大きい場合の加工部のくびれとこれを防止するための2段成形法

がわかりやすいので多用されているようである．ただ，1回目の断面減少率 R_1 と2回目の断面減少率 R_2 の選び方については，**図 4.23**[7] および**図 4.24**[7] に示

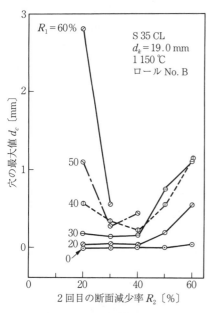

図 4.23 穴の最大直径に及ぼす断面減少率の影響（2回繰返し転造）[7]

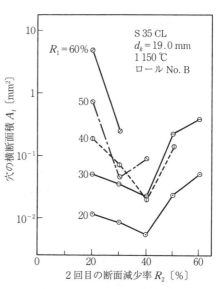

図 4.24 穴の横断面積に及ぼす断面減少率の影響（2回繰返し転造）[7]

されるように，R_1が一定のときはR_2が40％のところで製品中心部に生じる「もみ割れ穴」の最大直径と横断面積がともに極小値を示しており，参考になる．

4.3.4 くびれを防止する方法-2　転圧法

一般にダイス長は短いほど有利であるので，2段成形法よりも本項で述べる転圧法のほうが実際の現場ではよく使われている．これは，**図4.25**に示すように，ダイスの頂上部の初めの部分を適宜削り落としてやる方法で，この場合，ダイスの断面図には図4.25のように転圧部の軌跡を示す曲線（転圧曲線）が描かれる．

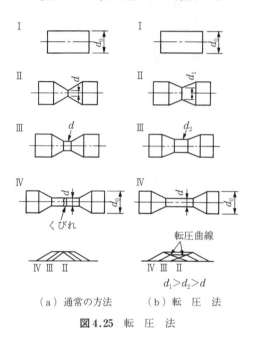

図4.25　転　圧　法

この方法の特長は，短いダイス長で限界断面減少率を越える大きな絞りが達成できることであるが，逆に，短所としては，転圧部のダイスの高さの許容範囲が狭く，転圧を大きくとりすぎるとマンネスマン孔が発生することで，適用にあたっては注意を要する．

断面減少率の大きい切上げ部で用いることが多いが，この場合，目安としては，式（4.7）を用いると転圧曲線が簡便に得られる[14]．

$$\sqrt{\frac{2\tan\alpha \cdot \tan\beta}{\pi}}\left(1+\sqrt{\frac{r_i}{r}}\right)\left(\frac{r}{r_i}-1\right) \leqq c \qquad (4.7)$$

ここで，一般に，$c ≒ 0.2～0.3$

したがって，切上げ部のダイス頂上部を式（4.7）から求まるr_iで削り落とす形となる．なお，厳密には転圧曲線がある場合は，切上げ部の体積の釣合い

が若干変わるが，いずれにせよ切上げ終了部では体積の釣合いは成立していること，および転圧量は一般に小さいことから，実用的には上記の方法で金型を設計しても大差ないようである．

なお，**図4.26**に転圧曲線の例を示す．この例では図中に $c=0.25$ と $c=0.20$ の設計例が示されており，実線で示した $c=0.20$ の場合はくびれのない製品が得られる．一方，破線で示した $c=0.25$ の場合は若干のくびれが生ずることが実験的にも確認されており，ここで述べた転圧法の有効性が確かめられている．

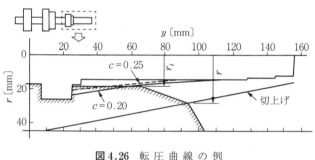

図4.26 転圧曲線の例

4.3.5 端面の変形に対する設計手法

クロスローリングで素材を絞る場合，端面にコンケーブ（へこみ）を生じる場合がある．**図4.27**は，カッターにより切断された端材の端面に生じるコンケーブの深さ h を調べたものであるが，この例から，成形面の端と素材端面の距離 t_2 が直径の約 1/2 以下になると端面にへこみが生じはじめ，t_2 が小さくなると急激にへこみが大きくなる傾向が認められる．また，**図4.28**は，端面を絞りきった例であるが，断面減少率に対応し，ほぼ直線的にへこみの深さが大きくなっている．

このへこみの深さについては式 (4.8) が経験的に得られている．すなわち，**図4.29** において

$$V_0 = V_1 = V_2 = V_3 \tag{4.8}$$

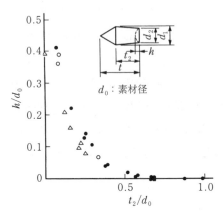

図4.27 転造品の余肉形状（残材長とひけ巣長の関係）

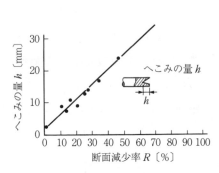

図4.28 断面減少率 R とへこみの量 h の関係例

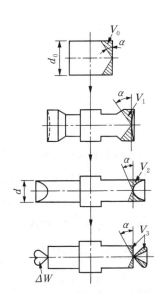

図4.29 端面変形のモデル図（$V_0 \sim V_3$ はいずれもハッチング部の体積）

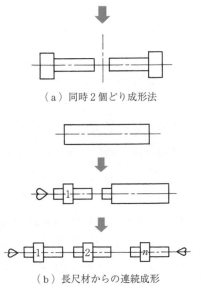

（a）同時2個どり成形法

（b）長尺材からの連続成形

図4.30 材料歩留り向上策

したがって，図 4.29 において，端面に生じるへこみのために余儀なく切り捨てられる余肉の重量 W_{loss} は素材が平坦な端面をもつ場合，式 (4.9) で与えられる．

$$W_{\text{loss}} = \frac{\pi}{12} \rho \, (d_0{}^3 - d^3) \tan \alpha \tag{4.9}$$

ここで，W_{loss}：余肉の重量〔kgf〕，ρ：素材の密度〔kgf/mm^3〕，d_0：素材の直径〔mm〕，d：軸部の直径〔mm〕，α：ダイスの成形角．

したがって，製品の両端はできるだけ大きい直径であることが材料歩留りの点からは望ましいが，やむをえず端面を絞る必要のある製品の場合は

1) **図 4.30**（a）に示すように同時 2 個どりとし，大きい直径を外側にもってくる．
2) 図（b）のように長尺材からの連続成形方式とし，素材先端を予備成形する．

などの方法が有効である．なお実際に切り捨てられる余肉重量は，成形中の楕円化や素材のセッティングのばらつきなどで式 (4.9) の計算値より大きくなる．

4.3.6 盛上げ成形

クロスローリングでは，通常の軸絞り加工の場合には製品の最大外径は素材直径を超えられない．しかし，盛上げ成形よって素材よりも大きい直径の製品を得ることができる．この盛上げ成形の実用的な意義は，まず素材径を小さくできることにあり，これによって断面減少率，切断余肉重量が小さくできる．また素材切断，加熱，搬送，位置決めなど，実操業でも種々のメリットが生じる．さらに，同じくらいの直径をもつ製品がいくつかある場合は，最も小さい直径に合せた規格寸法材に統一し，前工程設備の簡素化がはかれる．

盛上げ成形を行うダイスの形状例を**図 4.31** に示すが，ここで成形上の制約の目安として下記の諸項目があげられる．

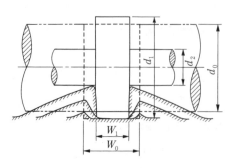

図4.31 盛上げ成形

（1） 盛上げ部のフランジ幅と直径の比，W_1/d_1 が大きくないこと．一般に，$W_1/d_1 \leqq 0.4$ が推奨される．

（2） 盛上げ部のフランジ径 d_1 と隣接する軸部径 d_2 の比，d_1/d_2 が大きくないこと．一般に，$d_1/d_2 \leqq 3$ が推奨される．

（3） 盛上げ部のフランジ径 d_1 と素材径 d_0 の比 d_1/d_0（盛上げ率）が大きくないこと．一般に $d_1/d_0 \leqq 1.2$ が推奨される．

さらに，操業上の問題としては

（1） 盛上げ側の金型の側面の摩耗がほかの部分に比べて大きい．

（2） 素材径のばらつきの影響が盛上げ部の直径と形状に現れやすい．すなわち，素材径の変動がマイナスの場合は欠肉と直径不足，プラスの場合はフランジ部が楕円状になり，素材径の管理を厳しくする必要がある．

なお，盛上げ成形においては，図4.31に破線で示す当初のかみ込み素材体積（$\pi \cdot d_0^2 W_0/4$）は，当然成形終了後のフランジ体積（$\pi \cdot d_1^2 W_1/4$）と等しいか，それより大きい必要がある．一般的には，外側の成形面での加工力の影響を受けて材料流出が起こるので，かみ込み素材体積は成形終了後のフランジ体積の約 1.2～1.5倍，大きくとる必要があり，かつ，この値は上記の W_1/d_1，d_1/d_2，d_1/d_0 の値が大きいほど，大きくなる．（実際の盛上げ成形の例は4.5節で述べる．）

4.4 クロスローリングマシン

4.1節で述べたように，ロールダイス方式，フラットダイ方式のクロスロー

リングマシンが実用化されているが,以下では国内外で広く用いられているロールダイス方式のクロスローリングマシンの代表的なものについて紹介する.

図 4.32 はロールダイス方式クロスローリングマシンの標準的な構造の一例であるが,ロール回転は主電動機により,プーリ,ベルト,ギヤトレンを介して行われ,回転の始動・停止はエアクラッチ,エアブレーキにより行われる.

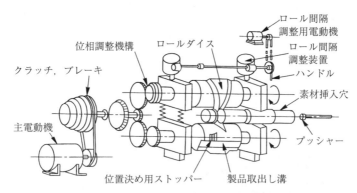

図 4.32　ロールダイス方式クロスローリングマシンの構造例（三菱重工）

下のロールはロールスタンドに固定されており,上のロールをロール間隔調整用モーターにより上下させることによって製品径に応じてロールの間隔を設定することができる.また,上ロールはギヤトレンとかみ合っているので,ロール間隔を変化させると上ロールは微小量回転し下ロールに対し位相がずれる.これを調整できるよう,上ロール端の歯車部分に位相調整機構が設けられている.

また,素材の供給はロール軸方向に設けられたプッシャーで行われ,位置決めは,ロール外周面上に取付けられた位置決め用ストッパーで行われる.素材の供給位置決めを安定して行うために,プッシャーに対向してシリンダーを置き,素材の両端をつかんだ状態で挿入位置決めする構造も必要に応じてとっている.また,図には描かれていないが,ロール間で素材が加工中に飛び出すのを防ぐための板状のガイドボードが設けられており,成形のすんだ製品を成形終了後に落し込んで取り出すための製品取出し溝と称する切欠きが,下ロール

に設けられている．運転は全自動で行われる．

　成形のサイクルは，①プッシャーによる素材挿入，位置決め，②クラッチを入れてロールを回転し，ロール上に取り付けた金型により素材を成形する，③成形の終わった製品は製品取出し溝に落ち前方に出てくる，④クラッチをはずしブレーキを入れてロールの回転を停止する，の順序で行われ，順次①〜④のサイクルが繰り返される．①および③のために必要なロール回転角を差引くと，成形のために使える有効ロール角度は約305〜335°くらいである．

　図4.33に標準的なクロスローリングマシン（ロール基準径1 000 mm）の外観写真を，またその諸元例を**表4.1**に示す．

　なお，フラットダイ方式のクロスローリングマシンとしては，ダイスが垂直

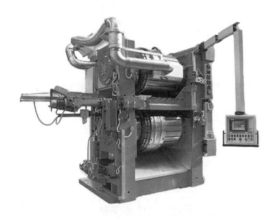

図4.33 2ロールダイス式クロスローリングマシンの例（Smeral，ロール径1 000 mm）[15]

表4.1 2ロールダイス式クロスローリングマシンの諸元例（Smeral）[15]

	ULS 70 RA	URL 100 RA	URL 160 RA
転造製品外径〔mm〕	40〜80	40〜100	50〜160
最大素材長さ〔mm〕	300	500	500
最大転造製品長さ〔mm〕	550	900	800
ロール直径〔mm〕	700	1 000	1 000
ロール幅〔mm〕	700	1 000	800
ロール回転速度〔rpm〕	5〜13	5〜10	5〜10
加工サイクルタイム〔sec〕	6.5	7.5	9
マシン寸法（H×W×D）〔m〕	3.2×3.9×2.1	4.1×4.4×2.5	4.4×5.1×3.4

方向に平行移動する縦型タイプ以外にも，上下のダイスが水平方向に平行移動する水平タイプのものも開発されている．後者のタイプでは，最大製品直径×最大製品長さで 15 mm×350 mm～200 mm×1 200 mm，生産性 12～0.8 個/分のものが使われている[16]．

4.5 クロスローリングの用途とその適用例

　国内では 1971（昭和 46）年に，クロスローリングによる自動車用トランスミッションギヤ素材の実生産が開始された．

　現在，国内の乗用車用トランスミッション素材の大半がクロスローリングで生産されているが，これは

（1） アップセッターやプレスなど，ほかの加工法に比べて，ロール 1 回転に 1 個ないしは 2 個の製品が得られるので，生産性が高い．

（2） 大きな断面減少率がとれ，かつフランジ側面の抜きこう配が小さくできるので素材形状を製品形状にきわめて近いものにできる．したがって，後加工が容易でかつ材料歩留りもよい．

（3） 逐次ロール加工であるため，衝撃力が小さく，したがって，振動，騒音が小さい．また加工中にスケールや離型剤の飛散もないので，作業環境がクリーンである．

（4） 素材の供給，製品の搬出が容易で簡単に全自動化できる．

（5） ロール直径 1 000 mm のクロスローリングマシンで大略 3 000 t クラスの鍛造プレスに匹敵する加工能力をもつので，設備費用が小さくてすむ．

などの利点に負うところが大きい．

　一方，ロール加工特有の制約も多く，対象製品を選定するにあたってはつぎのような項目に注意する必要がある．

（1） 対象品は，現状では軸対称の円形断面のものに限られる．

（2） 細長い対象品では曲がりが発生しやすい．軸部の直径に対し，約 8 倍

程度の長さが一応の目安となる．また細長い製品では，大きな断面減少率が得にくい．

（3） 多種少量生産には不向きである．特にミッションギヤ素材のように複雑な形状の金型を要するものについては，この傾向が強い．

さらに，長所を生かす適用分野として自動車用ギヤ素材のほかに，型鍛造用荒地の成形にも利用されつつある．

4.5.1 自動車用ギヤ素形材への応用例

自動車用ギヤ素形材では，ミッション用カウンターギヤに代表されるように大きなフランジをもつ段付き軸が多い．

図 4.34 にクロスローリングによる成形品の例を示す．また，図 4.35 は，クロスローリングによる成形品の寸法例を示す．さらに，図 4.36 は，カウンターシャフト素形材の成形過程を示す例であり，切上げ部の状況や，カッターダイスによる余肉の切断状況がよくわかる．

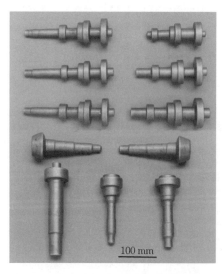

図 4.34 クロスローリングによる自動車用ギヤ素形材の成形例（三菱重工）

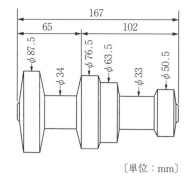

図 4.35 カウンターギヤ素形材の成形品寸法例

4.5 クロスローリングの用途とその適用例　　　107

これらのトランスミッションギヤ素材はクロスローリング加工後，旋削，歯切り，熱処理などの後工程を経て，図4.37に示すようなミッションギヤとして，乗用車のトランスミッションに組み込まれる．

図4.36　カウンターギヤ素形材の成形過程例（三菱重工）

図4.37　クロスローリングで成形された自動車用カウンターギヤ素形材（右）と機械加工後の完成品（左）（三菱重工）

約1200℃に加熱された素材は，プッシャーと位置決め装置（または，固定ストッパー）で上下ロール軸間の適切な位置にセットされた後，ロールが回転し，素材は金型によりロールの回転に伴って徐々に押し延ばされて成形される．成形の終了近くで製品を長尺素材から切り離すためのカッターダイスが素材に食い込み，成形の完了と同時に製品は素材から切り離されてロール上に設けられた切欠き溝（製品取出し溝）の中に落ち込み，ロール回転終了と同時に前方に出てくる．

一方，製品を切り離した素材はつぎの成形サイクルのために再度プッシャーにより挿入されてくる．表4.1に仕様を示したクロスローリングマシンを例にとると，この間，加熱ビレットの挿入位置決めや，ロールの回転に要する時間を含めて合計サイクルタイムは7.5～12秒である．一般にクロスローリングでは，1本の長尺材から数個の製品を連続的に生産する場合が多い．

なお，**図4.38**に，製品を成形するダイスの断面形状の概要例を示すが，4.3節で述べたダイス設計の手法が随所に盛り込まれていることがわかる．

さらに，**表4.2**には製品の諸元例を示す．

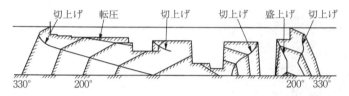

図4.38 実用金型の断面形状の概要例

表4.2 クロスローリングによる製品の諸元例（ミッションギヤ素形材）

項　　　　目	製品No.	1	2	3	4	5
素　材　直　径 [mm]		80.00	50.00	80.00	80.00	80.00
製　品　全　長 [mm]		163.50	181.00	163.50	310.50	304.50
最大断面減少率 (RA) [%]*		82.00	88.50	82.00	90.00	92.00
最大断面減少率の部分の長さ [mm]		42.00	21.00	42.00	27.00	25.50
最長軸部の長さ [mm]		42.00	33.00	42.00	96.50	98.80
最長軸部の最大断面減少率 [%]		82.00	77.00	82.00	88.00	88.00
フランジの最大直径 [mm]		87.50	54.20	89.70	96.50	84.50
製品最大径/素材径		1.08	1.09	1.13	1.17	1.06
製　品　重　量 [kgf]		3.20	1.20	3.30	4.20	3.80

* $\text{RA} = \left[1 - \left(\dfrac{r}{r_0}\right)^2\right] \times 100$，$r_0$：素材径，$r$：製品最小径

また，**図4.39**には，製品の直径のばらつきの例を示す[17]．現在，軸部は旋削せずに黒皮のままで使用されている例が多い．

金型の寿命は，型材の材質，熱処理硬さなどにもよるが，**表4.3**の成分の型鋼を硬さHRC 45〜48で使用した場合，15万ショット以上の製品が得られている[17]．この場合でも，カッターダイスなど摩耗の激しい部分の小補修はもっと頻繁に行われる必要がある．

表4.3 ダイスに用いる鋼の化学成分例[17]

C	Si	Mn	P	S	Cu	Ni	Cr	Mo
0.15〜0.25	0.20〜0.35	0.40〜0.80	<0.030	<0.025	<0.25	2.5〜3.5	<0.50	3.0〜3.5

4.5 クロスローリングの用途とその適用例

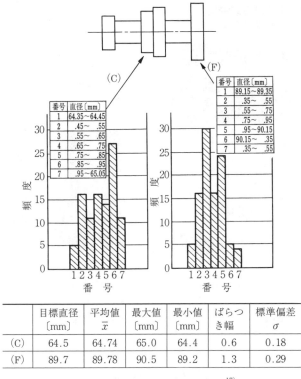

	目標直径 〔mm〕	平均値 $\bar{x}$	最大値 〔mm〕	最小値 〔mm〕	ばらつ き幅	標準偏差 σ
(C)	64.5	64.74	65.0	64.4	0.6	0.18
(F)	89.7	89.78	90.5	89.2	1.3	0.29

図 4.39 製品の直径のばらつき例[17]

4.5.2 熱間型鍛造用荒地加工への応用例

一般に型鍛造の前工程である荒地加工は単純な形状のものが多い.したがってほぼ要望どおりの形状の荒地プレフォームを作って用いれば,型鍛造の歩留りを向上させることができる.クロスローリングによる型鍛造用の荒地成形は自動化が容易で,サイクルタイムも短縮されるので,レデュースロール(フォージングロール)を用いるロール鍛造に代る荒地加工法として普及しつつある.

図 4.40 にそれらの例を示す.

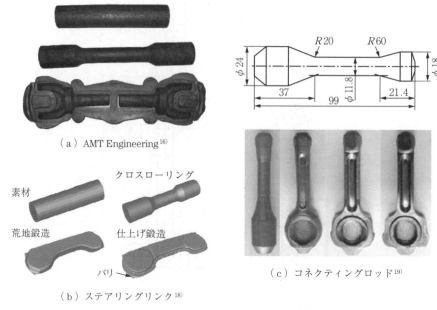

（a）AMT Engineering[16]

（b）ステアリングリンク[18]

（c）コネクティングロッド[19]

図 4.40 クロスローリングによる型鍛造用荒地成形の例

引用・参考文献

1) Holub, J. : Machinery, **16**–1, (1963), 129.
2) 粟野泰吉・団野敦：転造品の材料流れ—段付き軸の熱間転造の研究・第 1 報, 塑性と加工, **9**–88, (1968), 285-295.
3) 粟野泰吉・団野敦：転造力および転造トルク—段付き軸の熱間転造の研究・第 2 報, 塑性と加工, **9**–88, (1968), 296-303.
4) 矢野勝ほか：三菱重工技報, **8**–5, (1971), 65.
5) 藤原庄一ほか：第 20 回塑性加工連合講演会論文集, (1972), 241.
6) 団野敦・田中利秋・粟野泰吉：段付き軸の 3 ロール式クロスロール加工における材料流れと転造条件, 塑性と加工, **17**-182, (1976), 194-201.
7) 団野敦・粟野泰吉：段付き軸転造時の中心穴発生に及ぼす転造条件の影響, 塑性と加工, **17**-181, (1976), 117-124.
8) 葉山益次郎：回転塑性加工学, (1981), 151-196, 近代編集社.
9) 塚本穎彦：クロスローリング法による段付き軸の加工, 塑性と加工, **30**-345, (1989), 1367-1373.

10) Pater, Z. : Theoretical and experimental analysis of cross wedge rolling process, International Journal of Machine Tool & Manufacturing, **40**, (2000), 49-63.
11) Pater, Z. : Tool optimization in cross-wedge rolling, Journal of Material Processing Technology, **138**, (2003), 176-182.
13) Pater, Z. : Finite element analysis of cross-wedge rolling, Journal of Material Processing Technology, **173**, (2006), 201-208.
14) 樹下忠義ほか：昭和 59 年塑性加工春季講演会論文集, (1984), 635.
15) Šmeral Brno a.s. ホームページ：http://www.smeral.cz/cwr.html, (2018 年 11 月現在)
16) AMT Engineering ホームページ：http://amtengine.com/en/oborudovanie/lines-wrl-series/, (2018 年 11 月現在)
17) Juge, T. et al. : SME Paper MF77-217 (1977)
18) Kache, H. Nickel, R. & Bahrens, B-A. : Development of Variable Warm Forging Process Chain, Steel Research International (Special edition)-Proceedings of 13 th International Conference on metal Forming (Metal Forming 2010), (2010), 346-349.
19) Andrzej, G., Zbigniew, P., Grzegorz, S. & Arkadiusz, T. : Forging of Conecting Rod without Flash, ibid, (2010), 358-361.

5 リングローリング

5.1 概　説

　リングローリングは，油圧プレス，機械プレスまたはハンマーなどの鍛造で穴あけ，予備成形されたドーナツ形状のブランクを，**図5.1**[1)]に示すように回転するメインロールにマンドレルで押付けて円周方向に延伸して，継目のないリング状製品を得る回転成形である．リングローリングは一般に熱間加工であるが，より小さい部品やより精密に成形しなければならない部品に対しては温間ないしは冷間加工も適用される．

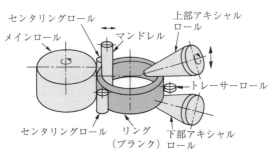

図5.1　矩形リングのリングローリングの模式図[1)]

　ドーナツ形状のブランクは，ブランク内径より小さな直径のマンドレルを通してリングローリングミル上に置かれ，マンドレルは回転駆動されているメインロールに向かってブランクを押付ける．ブランクがメインロールに接触すると，メインロールとブランク間，およびブランクとマンドレル間の摩擦によって，ブランクとマンドレルはメインロールの回転方向と同方向に回転する．センタリングロールは，成形中にリングの成形不良や欠陥を防いで，ブランクを中心位置に保つために使用される．

メインロールとマンドレル間のギャップが徐々に減少することによってリングの壁厚が減少し，また同時に円周方向に材料が延伸されることによってリングの直径が増加する．

リングの高さ（幅）は，メインロールの上部と底部に挟み込まれることによって，あるいは図5.1に示すようなリングの上面と底面に同時に接触するアキシャルロールを用いることによって制御される．その結果，一様な横断面（矩形断面）のリング，あるいは異形断面のリングが得られ，さらに，一般には機械加工によって仕上げることによって最終製品となる．

リングローリングで使用されるブランク材料は，**表5.1**[1)]に示すように，炭素鋼，銅，アルミニウム，ニッケル，およびコバルト合金のほかに各種耐熱合金などにわたっている．また，リングローリングによる製品の例は**表5.2**[1)]に

表5.1 リングローリングで使用されているブランク材料 [1)]

合金系	合　金　名
鉄	純鉄，炭素鋼，特殊鋼（構造用・工具・耐食・耐熱・電気用），ステンレス鋼
銅	純銅，黄銅，青銅，アルミニウム青銅，キュプロニッケル，モールド用銅
アルミニウム	アルミニウム，アルミニウム合金
ニッケル	純ニッケル，モネル，ハステロイ（B, B-2, C-276, G, X），インコネル（600, 625, 718, 750），ナイモニック（75, 80A, 90），ワスパロイ
コバルト	ヘインズアロイ（No. 25, No. 188, No. 6B）
高ニッケル	カーペンター（20Nb, Nb3），インコロイ（800, 800H），マルチメット，A-286
チタン，ほか	純チタン，Ti-6Al-4V，その他

表5.2 リングローリングによる製品例 [1)]

用　途	部　品　名	単重〔kgf／個〕
機械部品（産業・建設・土木）	溝付きタイヤ，歯車，ボールレース，ベアリングレース，ドラムタイヤ，ピストンリング	10～2 000
輸送機器（鉄道・造船・自動車）	車輪，タイヤ，歯車，フランジ，電気機関車用駆動歯車，舶用歯車	10～5 000
プラント（配管・石油化学）	反応塔用フランジ，熱交換機用フランジ，カップリング，ベアリングカバー	10～5 000
航空・宇宙機器エンジン	ケースタービン，ケースコンプレッサー，エアシーリング，ノズル，ベアリング，フランジ，ファンケース，ベアリングサポート	3～150
ガスタービン	シールレールリング，ノズル，コニカルシーリング，フランジ	3～150
原子力プラント	フランジ，ガイドリング，カップリング	20～800

示すように,運輸・輸送分野,航空・宇宙分野,エネルギー分野など主要産業の重要部品を構成する.運輸・輸送分野における一般的なロットサイズは数千個から数万個であるのに対して,航空・宇宙分野では難加工性の耐熱合金のニアネットシェイプ成形が要求されており,そのロットサイズは1個から数個の少数となる場合もある.さらに,表5.2には含まれていないが,エネルギー分野で最近急速に成長している市場として風力発電用の部品[2]があり,ベアリング,タワー接続フランジ,その他の発電部品がある.

リングローリングで成形可能なリングのサイズは,一般に外径が75～9 000 mmで,高さが12～3 800 mmであるが,通常成形されている大部分のリング

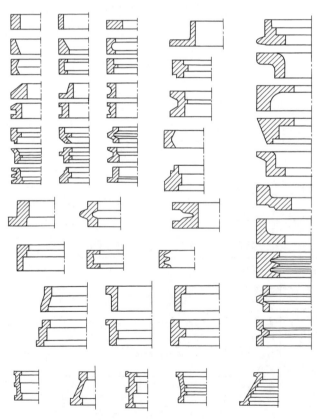

図5.2 リング断面形状の例[1]

は，高さが75～800 mm，壁厚が20～120 mm，外径が250～1 200 mm程度である．また，座金状のリングでは壁厚-高さ比は20対1が一般的であるが，特殊なブランクを用いると28対1まで可能であり，さらに，スリーブ状のリングでは壁厚-高さ比が1対25が一般的であるが，1対30程度まで成形可能であるといわれている[2]．図5.2[1]に，リングローリングで成形されているリングの断面形状の例を示す．このように，矩形断面，内側輪郭をもつ異形断面，外側輪郭をもつ異形断面，および内側と外側の両方に輪郭をもつ異形断面など，各種の断面をもつリングが成形されている．

リングローリングと競合する金属製のリングの製造技術には，鋳造，曲げ後のシーム溶接，板状ブランクのガス切断またはのこ切断，管材の切断（スライシング），棒材の回転穿孔（ロータリーピアシング），型鍛造および粉末成形などがある．

5.2 リングローリングの加工プロセス

5.2.1 リングローリングの加工方式

19世紀の中頃から後期にかけて，鉄道システムが急速に拡大し，鉄道車輪用タイヤの需要が拡大した．当初はハンマーによる鍛造で作られていたが，1842年にイギリスで鉄道車輪用のタイヤ圧延機が設計・開発[3]され，リングローリング加工技術の端緒が開かれた．

リングローリングの基本的な加工方式は，図5.3[2]のラジアルリングローリングと図5.4[2]のラジアル-アキシャルリングローリングに大別される．

図5.3のラジアルリングローリングでは，半径方向の厚さのみをメインロールとマンドレル間で圧延するので1パスリングローリングとも呼ばれて

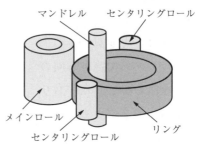

図5.3　ラジアルリングローリング
（1パスリングローリング）[2]

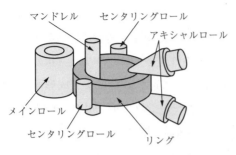

図 5.4 ラジアル-アキシャルリングローリング（2パスリングローリング）[2]

いる．リングの高さは，メインロールの上面と底面で拘束することによって制御するが，拘束しなければ図 5.5[4]に示すように，メインロールおよびマンドレルと接している材料がメインロールおよびマンドレル表面に沿って高さ方向（幅方向）に流されて，フィッシュテールと呼ばれるリング横断面内の形状不良を生じる．

図 5.4 のラジアル-アキシャルリングローリングでは，上述のフィッシュテールの成長を防止するために，メインロールとマンドレルに対してリングの反対側の対向位置に 1 対の円すい形状のアキシャルロールを配置して高さ方向（幅方向，軸方向）にも圧下する．ラジアル-アキシャルローリングでは，メインロールとマンドレルの間のラジアルパスで半径方向の圧下，またアキシャルロールのアキシャルパスで高さ方向の圧下を加えるので，2 パスリングローリングとも呼ばれている．

メインロールは駆動ロール，マンドレルは圧力ロー

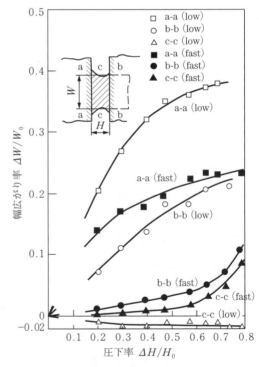

図 5.5 矩形リングの圧下率に対する幅広がりの変化の測定例（材料：Te-Pb, $H_0/W_0=1$, low：0.18 mm/rev, fast：2.54 mm/rev）[4]

ル，またセンタリングロールはガイドロールと呼ばれることもある．

5.2.2 リングの製造工程

図 5.6[5]（a）に熱間リングローリング，および図（b）に冷間リングローリングによる製品の製造工程をそれぞれ示す．熱間および冷間のいずれの工程においても，プリフォームを作るための鍛造と穴あけの前に，ブランクを素材材料から切り出し，熱処理する．さらに，鋼材の場合にはスケール落しする．プリフォームはリングローリングでリングに成形され，その後に機械加工（切削），熱処理，研削および超仕上げなどが施される．

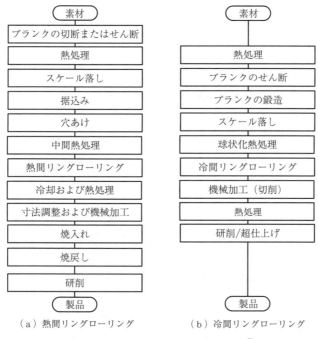

(a) 熱間リングローリング　　(b) 冷間リングローリング

図 5.6 リングローリング工程の概略[5]

高温では，より多くの変形を与えることが可能であるが，精度が低下し，材料特性が十分に制御できないので，その後の機械加工と熱処理が必要となる．冷間リングローリングでは加工による圧下量は少なくなるが精度が高くなり，

加工硬化の効果で製品の強度と疲労寿命の向上が期待できる．しかし，通常はそれ以上のリングの強度が必要とされるので，加工後にさらに熱処理と機械加工が施される．冷間のリングローリングでは変形の量が制限されて得られるリング形状も限定されてしまうので，加工後にさらに機械加工が必要となる．一般に，熱間リングローリングでは，精度は低いものの冷間リングローリングよりもはるかに広範囲の横断面のリングを成形できる．

〔1〕 **プリフォームの準備**

例えば，矩形リングを成形する場合には，ドーナツ形状のプリフォームを使用するが，**図 5.7**[2)]にプリフォームを成形する例を示す．あらかじめ必要な質量に切り出されたビレットは，その大きさとロット数などによって化石燃料の回転炉，ボックス炉などで加熱されるが，スケール形成を最小にできる誘導加熱を用いる場合もある．機械的方法あるいは高圧水の吹付けなどでスケール落しされたビレットを，図（a）のように，上下ともに平面状のダイ間に置き，図（b）に示すように平面ダイ間で予備据込みする．ついで，図（c）に示すように，通常は3°のテーパーが付いた押込みパンチをプレスのボルスターの上方25 mmに達するまで図（b）で据込まれたブランク内に押込む．さらに，パンチ押込み後のブランク上面を再び平らにして所定の高さまで据込んだ後に，図（d）のようにピアスパンチで穴あけし，この穴あけ作業で打ち抜かれた円板状の材料のみが，リングローリングにおけるスクラップ（材料ロス）となる．

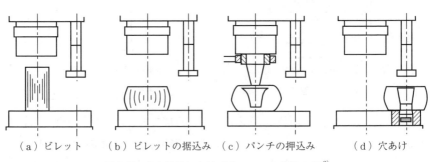

（a）ビレット　（b）ビレットの据込み　（c）パンチの押込み　（d）穴あけ

図 5.7 自由鍛造によるプリフォーム成形の例[2)]

ネットシェイプないしはニアネットシェイプの製品をリングローリングするためには,プリフォームの質量管理(体積管理)が重要である.高さに対して厚さが相対的に薄いプリフォームの場合は,図5.7(c)および(d)のような開放型による自由鍛造で所定のプリフォーム形状を確保することが難しく,コンテナ型を下型として用いることによって用いてパンチの押込みおよび穴あけを行う必要がある.

〔2〕 リングローリング

矩形リングのリングローリングの概略図を図5.1,図5.3および図5.4に示したが,リングの半径方向圧延はリングブランクとの摩擦によって従動回転するマンドレルと駆動回転するメインロール間で行われ,マンドレルがメインロール側に移動してリングを圧下(壁厚減少)することによってリング材料を円周方向に延伸し,リング径を増加させる.

一般にリングの圧延作業は図5.8[6)]に示すような4つの段階で構成[6)〜9)]されている.すなわち,1)メインロールとマンドレルが接触してリングが回転し始める段階,2)変形が可能な限り急速に進行する段階,3)リングが所望

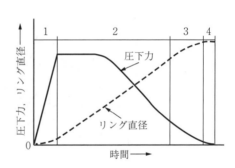

図5.8 リングローリングにおける圧下力と直径成長のスケジュール例[6)]

の形状に近づくとより遅い変形速度に変更される段階,4)仕上げられたリングの真円度を向上させるためにさらに余剰の数回転を与える段階である.メインロールに向うマンドレルの運動は,(所望のリング成長に等価な)所望の運動のスケジュール,あるいは所望の圧下力のスケジュールに従って制御される.

圧延中のリングの外径は,図5.1でアキシャルロールの中間位置に配置されたトレーサーロールで測定しており,接触形の測定のために成形されたリング表面を損傷する可能性があったが,最近のリングローリングミルではレーザーを利用した非接触測定法が利用されている.レーザーを利用した非接触測定デ

バイスはリングに影響を及ぼさず，摩耗する機械部分がないことに加えて，リング面のどのような表面でもピンポイントで測定できるので，リングの外径面が複雑な輪郭をもつ異形断面リングでも正確な測定ができるようになってきている．

リングローリングにおける半径方向圧延の際の変形は，板圧延の場合と異なり，メインロール側とマンドレル側で異なっている．側圧ピンを用いた圧力分布の測定[10),11)]によれば，メインロール側が接触長さ（円周方向の接触長さ）が短く，接触圧力が高い．メインロール側の接触圧力分布の測定例を図5.9[11)]，またマンドレル側の接触圧力分布の測定例を図5.10[11)]に示すように，メインロール側とマンドレル側，あるいはリングの外側と内側で接触圧力分布が異なり，また板圧延の場合と異なって最大圧力を示す点が接触域の入口側にある．

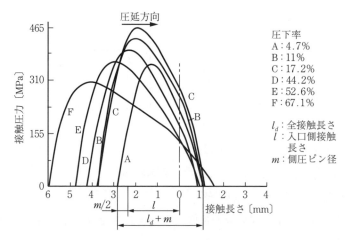

図5.9 矩形リングのリングローリング時の接触圧力分布の測定例（メインロール側，HE 30 アルミニウム合金，押込み速度 0.483 mm/rev）[11)]

センタリングロールはメインロールの両側にそれぞれ1個ずつ配置され，圧延中のリングをガイドし，リングの滑らかな回転と真円を保つ役割を果たしている．

リングの高さ方向（幅方向）の圧延は，図5.1および図5.4に示すアキシャルロール間で行う．アキシャルロールは円すい形状で，旧式のリングローリン

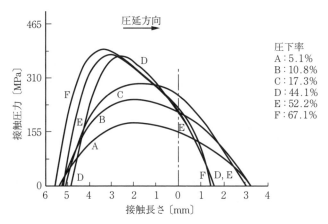

図 5.10 矩形リングのリングローリング時の接触圧力分布の測定例(マンドレル側, HE 30 アルミニウム合金, 押込み速度 0.483 mm/rev)[11]

グミルの場合は 45° の頂角で相対的に短い加工部長さであったが, 最近の機械では 30～40° の頂角で加工部長さが長くなっている[2]. リング形状に適した圧下制御が行われているが, アキシャルロールとリング端面間のすべりを可能な限り少なくする必要があり, ロールとリングの表面速度を等しくするためにアキシャルロールのキャリッジをリングの中心の移動速度と同じ速度で後退させるとともに, DC モーターやインバーターを利用して上側または上下のアキシャルロールの回転数を可変制御している.

CNC 制御のリングローリングミルの場合, 図 5.8 のような圧延スケジュールのパターンが数種類準備されており, その選択によってロールの送り速度が制御できるようになっている. また, 矩形断面リングの場合, リングローリング中の任意の瞬間におけるリング高さ h とその変化量を Δh, リング幅 b とその変化量を Δb とするとき, フィッシュテールほかの欠陥形成を避けるには

$$h^2 - b^2 = \text{一定}, \quad \frac{\Delta b}{\Delta h} = \frac{h}{b} \tag{5.1}$$

で表されるリング高さ h とリング幅 b の間の双曲線関係を満たすようにロールの送り速度を制御する必要があり, さらに式 (5.1) に基づいてプリフォーム設計する必要があるといわれている[2),9),12)].

5.2.3 リングローリングにおける加工条件の選定と加工上の課題

〔1〕 加 工 温 度

リングローリングで使用されている材料については表5.1に示したように多岐にわたるため，材料の加工温度域における変形抵抗や変形能に応じてパススケジュールや設定温度が決められる．

加熱温度の設定は，単にリングローリング時の変形抵抗のみではなく，製品に要求される結晶粒度や機械的性質などによって決定される．**表5.3**[1]に，リングローリングで使用されている各材料に対する一般的な温度範囲を示す．特に航空機部品など使用条件が厳しい材料では，加熱炉の炉内温度分布が設定温度に対して±15℃以内と，熱処理なみの厳しい温度管理が必要となる．

表5.3 各材料の加熱温度および加工温度[1]

合金系	合金名	温度〔℃〕	合金系	合金名	温度〔℃〕
鉄	炭素鋼	1 200～800	ニッケル	ニクロム	1 100～800
	合金鋼	1 200～850		モネル	1 100～800
	工具鋼	1 150～900		ハステロイ C-276	1 100～850
銅	銅	800～700		インコネル 600	1 100～800
	黄銅	750～500	コバルト	ヘインズアロイ No. 25	1 150～850
	アルミニウム青銅	850～650	Fe-Ni	インコロイ 800H	1 100～800
アルミニウム	ジュラルミン	550～400	チタン	Ti-6Al-4V	950～750

〔2〕 異形断面のリングローリング

図5.2にリングローリングで成形される断面の例を示したように，種々の異形断面の製品がある．異形断面のリングローリングの利点は，ネットシェイプ化ないしはニアネットシェイプ化することによって最終製品にするための機械加工量を減らし，材料の歩留りを向上させることにある．

異形の段差が少ない断面や中央部が薄くなっている対称断面の場合は，矩形断面ブランクを用いてリングローリングできるが，矩形断面ブランクや図5.7に示したような，自由鍛造によるプリフォームからでは成形できないような異形断面リングに対しては，異形断面のプリフォームを準備する必要がある．異形断面のプリフォームは型鍛造あるいはリングローリングで成形するが，リン

グローリング中に軸方向材料流れが無視できる場合には，製品リングを軸方向にスライスして体積配分を考えることによって，異形断面のプリフォーム形状を予測できる．

前述のように，対称断面の場合は矩形断面ブランクからの成形が比較的容易であるから，2個取りまたは偶数個取りにすることによって対称な断面のリングローリングが可能になるように，工程設計することが望ましい．

〔3〕 **リングローリングにおける形状不良**

図 5.11[5]にリングローリングにおける形状不良の例を示す．リングローリングにおける形状不良は，横断面内の形状不良とリングの形状不良とに分けられる．

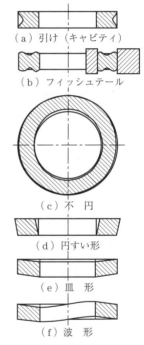

図 5.11 リングローリングにおける形状不良の例[5]

図（a）は，引けないしはキャビティ[13]と呼ばれる横断面内の形状不良で，例えばT字形の横断面の異形リングのリングローリングにおいて，圧下率が大きくなった場合に突起の付いていない面（突起の裏側の面）に生じる．図（b）は，フィッシュテールと呼ばれる横断面内の形状不良で，リング材料がメインロールとマンドレル間で半径方向圧下を受ける際に，ロール表面およびマンドレル表面に沿って軸方向にも流されることによって生じる．リングローリングにおけるフィッシュテールは，マンドレルの押込み速度や圧下率などによって変化し，その測定例を図5.5に示したが，矩形断面だけではなく異形断面のリングにも生じる[4]．

横断面を完全に制御した場合でも，リング自身に図5.11（c）の不円，図（d）の円すい形（コニシティ），図（e）の皿形（ディッシング），図（f）の波形（波打ち）の4種類の形状不良[14]を生じることがある．これらのリングの形状不良は，リングローリング中の余剰の材料に

よって生じ，例えば，フィッシュテールを生じる場合にはメインロールとマンドレル間をリング材料が通過する際にリングの高さ（幅）が増加し，水平面のテーブルにリングが接していればリングが傾くことになり，形状不良をもたらすことになる．

このほかに，ラジアル-アキシャルリングローリングでは，ラジアルパスでフィッシュテール，1/2回転後のアキシャルパスで半径方向のビードを生じるが，この繰返しによって余剰の材料がリング断面の角部に割れやバリを生じ，約70％の圧下で角部に割れを生じる傾向があるともいわれている[5]．

〔4〕 加工条件選定上の問題点とその対策

リング材は所望の外観・形状・寸法のみならず，適正な材料の機械的性質が必要で，これらのすべてを満足する製品を得るためには，他の塑性加工の場合と同様に加工中に生じる各種の問題を解決しなければならない．表5.4[1]に加工条件因子が製品の形状・寸法や機械的性質に及ぼす影響を示す．また，表5.5[1]に加工上の種々の問題点とその対策を示す．

表5.4 リング製品の品質に影響を及ぼす因子[1]

	影響因子	形状・寸法 上げ↑下げ↓	形状・寸法 影響度	機械的性質 上げ↑下げ↓	機械的性質 影響度	特記事項・対策
1	温度 (1) 加熱温度 　　 (2) 加工温度	↑ ↑	○ ○	↓ ↓	○ ○	適正条件ならば大きな影響なし
2	加熱時間	－	－	↑	△	影響度少ない
3	加工率 (1) 全加工 　　　 (2) 各加熱ごと	↑ ↑	○ ○	↑ ↑	△ ◎	加工率は高いほうがよい．特に最終加熱後の加工率が最も特性に影響する
4	形状・寸法 (1) 金型 　　　　　 (2) 荒地材	－ －	○ ◎	－ －	△ ◎	金型寸法・形状は適正であることが条件 荒地材の寸法・形状は影響度大
5	潤滑 (1) 金型-リング間 　　 (2) テーブル-リング間	↑ ↑	○ ○	－ －	－ －	焼付き，バリ防止のため各材質ごとにグリース・黒鉛系・ガラス系の潤滑剤を使用．割れ発生防止用に保温材コーティング例あり
6	ローリング圧下力	↑	◎	↑	◎	影響度大．圧下力不足はすべての点で好ましくない

影響度（効果） －：ほとんどなし，△：ややあり，○：あり，◎：大いにあり

表5.5 リングローリング上の問題点とその対策[1]

	問 題 点	対　　　策
1	リング高さ端面に発生するフィッシュテール	メインロールと同一の周速でしかも適度の圧下力でアキシャルロールをかける．また荒地材の端面に丸みを付けることも効果がある
2	リングコーナーおよび表面の割れ	端面の丸み付けと，表面の保温コーティング．テーブル上の保温コーティングまたはロールを使用する
3	リング両端面のバリ発生	異形リング成形時に特にバリが発生するが，荒地材で丸みを付けることと質量バランスを最適にすることで防止する．潤滑をすることも有効
4	リング材の楕円発生	センタリングロールの適正圧下と潤滑をきかすこと．少々の楕円発生に対しては，エキスパンダーなどの矯正プレスを利用して楕円矯正を行う
5	リング材と金属またはテーブルとの摩擦による焼付き（局部的ヒートビルドアップ）	潤滑剤を使用する．特にテーブルでは摩擦を少なくするため，フリーローラーなどを設置すると有効である
6	角度（最大30°程度）を有するリングの角度不良	角度をもつリングを設定値どおり圧延することは難しい．メインロール側とテーブル，アキシャルロールの水平が重要であるが，通常は最終的に矯正プレスを利用する
7	異形リングで金型当りが悪いために発生する引張応力による表面近くの点状欠陥	荒地形状，中間リング素材形状をリングローリングする形状に近づける
8	特性不良	加熱・加工温度および加工率/パスなどを最適な条件とする

5.3　リングローリングの解析

5.3.1　解析的手法による解析

　例えば，スラブ法による板圧延の接触圧力分布[15),16)]は，図5.9および図5.10のようなリングローリングによる接触圧力分布とその分布様式が異なる[10),11)]など，初等解析による結果は実験結果と一致しないことが報告されている[3),11)]が，初等解析をはじめとして，種々の解析的手法でリングローリングの解析が試みられている．

　スラブ法では上述のように圧力分布などが実際とは異なることが指摘されているものの，接触面における摩擦せん断応力を一定と仮定した圧力分布の解析[17)]などが行われている．

すべり線場法については，矩形断面のリングローリングにおける圧下力とトルク[18]，また矩形断面と異形断面のリングローリングにおける圧下力とトルク[11]の評価に用いられている．矩形断面のアルミニウム合金 HE 30 を用いた実験との比較で，圧下力は10%，トルクは15%の範囲内で評価可能であることが示され，リングの曲率の影響についても考察されている[18]．さらに，すべり線場による解はメインロール側では一致の度合いがよいが，マンドレル側では圧下率が大きい場合は過大評価を与えている[11]．平底パンチ押込みの解[19]を対向平底パンチの押込みとして利用しているが，このすべり線場は直径 650～2 400 mm のリングの圧下力評価[20]にも有効に利用されている．

上界法やエネルギー法もリングローリングにおける加工力，トルク，幅広がり等の解析に利用されている．エネルギー法では，矩形断面のリングローリングにおける幅広がりを考慮した内部変形仕事率，変形域入口でのせん断変形仕事率，接触面での摩擦拘束仕事率およびリングローリングを特徴づける変形域出口における曲げ拘束仕事率を考慮して，圧下力，トルク，幅広がりなどを求める手法[21]が示されるとともに，幅広がりを無視した場合の連続加工において圧下力やトルクを与える閉じた形での実用式[22]が示されている．

上界法では，マンドレル押込みに伴う速度場とメインロールの回転に伴う速度場を重ね合せることによって，矩形断面のリングローリング時の圧下力とトルクが解析されており[23]，動的陽解法との比較[24]なども行われている．また，2種類の流れ関数を変分法による一般解法[25]に適用して，矩形断面のリングローリング時の幅広がりが解析されている[26]．さらに UBET では，内側凹部，外側凹部，内側凸部，外側凸部をもつ異形断面[27]，ならびに内側円弧溝や円弧角部フィレットをもつ外側突起などの異形断面[28]のリングローリングの解析も行われている．

以下に，実用上有用な矩形断面のリングローリングにおける圧下力とトルクの閉じた形での実用式[22]を示す．

図 5.12[22]に，考えようとする矩形断面のリングローリングにおけるリング

とメインロールおよびマンドレルとの接触状況を示す．外径 $d_0(=2r_0)$，内径 $d_i(=2r_i)$，厚さ h_0，幅（高さ）b_0 のリングが，直径 $d_1(=2r_1)$ のメインロールと直径 $d_2(=2r_2)$ のマンドレルによって厚さ h に圧下される．メインロールによる圧下量 Δr_1 とマンドレルによる圧下量 Δr_2 は未知であるが，メインロールとマンドレルが影響を及ぼす変形域の境界が直径 $d_n(=2r_n)$ によって区分できると仮定する．幅広がりを無視して，変形域入口でのせん断

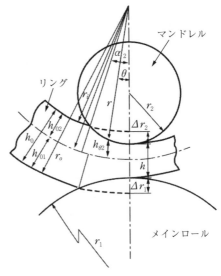

図 5.12 メインロールおよびマンドレルの接触状況[22]

変形仕事率と変形域での内部変形仕事率のみを考えることにすれば，エネルギー法からメインロール側の圧下力 P_1 とマンドレル側の圧下力 P_2 は，式 (5.2)，(5.3) で与えられる．

$$P_1 = \frac{b_0}{2\sqrt{3}} \left[\sigma_Y d_0 \cos\alpha_1 \left(1 - \frac{d_n}{d_0 - d_n} \ln \frac{d_0}{d_n}\right) \right.$$
$$\left. + \sigma_m d_n \alpha_1 \left(\frac{d_0 - 2\Delta r_1}{d_0 - 2\Delta r_1 - d_n} \ln \frac{d_0 - 2\Delta r_1}{d_n} + \frac{d_0 \cos\alpha_1}{d_0 - d_n} \ln \frac{d_0}{d_n} \right) \right]$$
(5.2)

$$P_2 = \frac{b_0}{2\sqrt{3}} \left[\sigma_Y d_i \cos\alpha_2 \left(\frac{d_n}{d_n - d_i} \ln \frac{d_n}{d_i} - 1 \right) \right.$$
$$\left. + \sigma_m d_n \alpha_2 \left(\frac{d_i + 2\Delta r_2}{d_n - d_i - 2\Delta r_2} \ln \frac{d_n}{d_i + 2\Delta r_2} + \frac{d_i \cos\alpha_2}{d_n - d_i} \ln \frac{d_n}{d_i} \right) \right]$$
(5.3)

ただし

$$\alpha_1 = \cos^{-1}\frac{d_0^2 - d_1^2 + A_1^2}{2 d_0 A_1}, \quad \alpha_2 = \cos^{-1}\frac{d_i^2 - d_2^2 + A_2^2}{2 d_i A_2}$$

$$A_1 = d_0 + d_1 - 2\Delta r_1, \quad A_2 = d_i - d_2 + 2\Delta r_2 \tag{5.4}$$

また,両変形域の出口における角速度が等しいという条件から,変形域の境界直径は式 (5.5) で与えられる.

$$d_n = \left(\frac{d_0^2 d_i \Delta r_2 + d_i^2 d_0 \Delta r_1 + d_0^2 \Delta r_2^2 - d_i^2 \Delta r_1^2}{d_i \Delta r_2 + d_0 \Delta r_1 + \Delta r_2^2 - \Delta r_1^2}\right)^{1/2} \tag{5.5}$$

一方,トルク T は式 (5.6) で与えられる.

$$\begin{aligned}
T = \frac{b_0}{4\sqrt{3}K_{1e}} &\left\{\left[\sigma_Y(d_0 + d_n)\left(1 - \frac{d_n}{d_0 - d_n}\ln\frac{d_0}{d_n}\right) + \frac{\sigma_m d_n \alpha_1 (d_0 + d_n)}{d_0 - d_n}\right.\right.\\
&\left.\times \ln\frac{d_0}{d_n}\right]\left(\frac{dh_{\theta 1}}{d\theta}\right)_{\alpha_1} + \left[\sigma_Y(d_i + d_n)\left(\frac{d_n}{d_n - d_i}\ln\frac{d_n}{d_i} - 1\right)\right.\\
&\left.\left.+ \frac{\sigma_m d_n \alpha_2 (d_i + d_n)}{d_n - d_i}\ln\frac{d_n}{d_i}\right]\left(\frac{dh_{\theta 2}}{d\theta}\right)_{\alpha_2}\right\}
\end{aligned} \tag{5.6}$$

ただし

$$\left(\frac{dh_{\theta 1}}{d\theta}\right)_{\alpha_1} = -\frac{A_1 \sin\alpha_1}{2} + \frac{A_1^2 \sin\alpha_1 \cos\alpha_1}{2(d_1^2 - A_1^2 \sin^2\alpha_1)^{1/2}} \tag{5.7}$$

$$\left(\frac{dh_{\theta 2}}{d\theta}\right)_{\alpha_2} = \frac{A_2 \sin\alpha_2}{2} + \frac{A_2^2 \sin\alpha_2 \cos\alpha_2}{2(d_2^2 - A_2^2 \sin^2\alpha_2)^{1/2}} \tag{5.8}$$

$$K_{1e} \approx \frac{d_0 \cos\alpha_1 - A_1 \sin^2\alpha_1}{(d_1^2 - d_0^2 \sin^2\alpha_1)^{1/2}} \tag{5.9}$$

以上の式で σ_Y はリング材料の降伏応力,σ_m は平均変形抵抗で,材料の応力-ひずみ曲線を $\sigma = F\varepsilon^n$ と表すとき,式 (5.10) で表せる.

$$\sigma_m = \frac{F\varepsilon_0^n}{1+n}, \quad \varepsilon_0 = \ln\frac{h_0}{h} \tag{5.10}$$

これらの式はすべて閉じた形で表されているので,まず,式 (5.5) の中の未知数 Δr_1 を仮定すると,Δr_2 は

$$\Delta r = h_0 - h, \quad \Delta r_2 = \Delta r - \Delta r_1 \tag{5.11}$$

によって求まり,式 (5.5) から d_n を決定できる.式 (5.4) から α_1, α_2,式 (5.2), (5.3) から P_1, P_2 が求まるので, $P_1 = P_2$ かどうかをチェックする.

$P_1 = P_2 (= P)$ を与える Δr_1 が求めるメインロール側の圧下量となり,したがって圧下力が求まる.その条件で式 (5.6)〜(5.9) からトルク T を求める.

図 5.13[22)] は, $d_1 = 228.6$ mm, $d_2 = 69.85$ mm, $d_0 = 127.0$ mm, $d_i = 76.2$ mm, $h_0 = 25.4$ mm, $b_0 = 25.4$ mm, $\sigma_Y = 76.0$ MPa, $F = 191.5$ MPa, $n = 0.135$,マンドレル送り速度 $v = 0.483$ mm/rev,

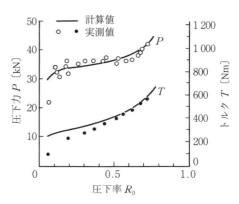

図 5.13 一定のロール圧下速度の下における圧下力とトルクの実測値と計算値の比較[22)]

メインロール回転数 $N_0 = 31$ rpm の加工条件で,アルミニウム合金 (HE 30) の矩形リングを圧延する際の圧下力 P およびトルク T の計算値が示されているが,同図内にプロットされた実測値[11)] とよく一致しており,式 (5.2)〜(5.11) の実用式としての有用性が確認できる.

5.3.2 有限要素法による解析

解析的モデルは圧下力やトルクのよい近似を与え,特に前項で示した実用式は閉じた形の式で与えられているので,加工条件が加工力やトルクに及ぼす影響を評価するのにきわめて有用であるが,リング内部の応力やひずみ,組織変化,異形材の輪郭形成状況などをより詳しく調査するには,有限要素法のような手法が必要となる.リングローリングの有限要素法による解析は,擬二次元モデル,部分リングモデルおよび全リングモデルなどに大別できる[6)].

擬二次元モデルでは,円周方向の流れを仮定して剛塑性二次元有限要素法[29)],あるいは軸対称変形を仮定した剛粘塑性有限要素法[30)] で,異形断面の形成過程などが調べられている.

部分リングモデルは，リングのロールギャップ近傍の部分のみを切り出して有限要素法で解析する手法であるが，リング全体の形状を上界法で求め，変形を平面ひずみ状態と仮定した剛塑性要素法で解析して圧力分布などが調べられている[31]．三次元剛塑性有限要素法では，矩形断面リングの幅広がり，圧力分布等の解析[32]，つづみ形のような簡単な形状の異形断面リングの解析[33]，アルミ合金（HE 30）のT字形異形断面リングの幅広がりの実験結果[4]との比較[34]が行われ，矩形断面とT字形異形断面リングの型への充満度，応力分布など[35]が調べられている．また，CrMn鋼[36]およびS45C[37]の矩形断面リングの三次元剛塑性有限要素法による熱連成解析なども行われている．

全リングモデルは，リング全体を要素分割してシミュレーションを行うもので，ALE（arbitrary Lagrangian-Eulerian）定式化に基づくモデル，ハイブリッドメッシュモデル，Lagrangeフルモデルなどに分けられ[6]，材料モデルとしては弾塑性モデル，剛塑性モデル，剛粘塑性モデルなどがあり，解法アルゴリズムとしては陰解法と陽解法がある．

ALEによる定式化では，二次元弾塑性有限要素法の定式化を行って，冷間リングローリングにおける圧力分布，応力分布等を調べたもの[38]，三次元剛粘塑性有限要素法にALE定式化を適用し，矩形断面リングの幅広がりを実験結果[4]と比較したもの[39]，およびT字形異形断面リングの解析[40]を行って実験結果[4]や他のシミュレーション結果[34),41)]などと比較を行ったものなどがある．

ハイブリッドメッシュモデルによる定式化では，図5.14（a）に示す被加工リングに固定された実際に回転する要素分割AMSと，図（b）の空間に固定

 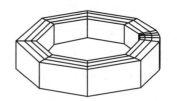

（a）材料固定のメッシュシステム（AMS）　　（b）空間固定のメッシュシステム（SMS）

図5.14　リングローリング解析のためのメッシュシステム[41]

5.3 リングローリングの解析

された要素分割 SMS を用いて,三次元剛塑性有限要素法で SMS に対して解析を行い,その結果を節点座標や相当塑性ひずみとして AMS に記憶するシステムであり,このハイブリッドモデルを用いて矩形断面リングおよび T 字形異形断面リングの数値シミュレーションを行って幅広がり形状(フィッシュテール)などが実験結果 [4] と比較されている [41]. また,同じく矩形断面と T 字形異形断面のリングローリングの剛塑性有限要素解析を行い幅広がりや圧力分布の実験結果 [4,11] との比較が行われる [42] とともに,ハイブリッドモデルにバックワードトレーシング(逆行解析)[43] を適用して,矩形断面および T 字形異形断面リングのプリフォームを求める試み [44] もある.さらに,図 5.14 の AMSと SMS に類似した手法を updated Lagrange 形式の弾塑性有限要素法に適用して En 25 鋼の熱連成解析を行ったもの [45],Ti-6Al-4V の矩形および V 形異形断面形状のリングローリングの熱連成解析を行ったもの [46] などがある.

Lagrange フルモデルでは,updated Lagrange 形式の静的陰解法の弾塑性有限要素法でリング全体を解析するが,平面ひずみ問題として SUJ 2 鋼の冷間リングローリングにおける応力の変化などを調べたもの [47],熱連成解析で IN 718 の熱間リングローリングにおける応力や表面温度等を解析したもの [48] などがある.三次元解析で矩形断面や T 字形異形断面リングの応力,ひずみ解析のほかに,リングの円周方向流れと実験結果 [4] との比較 [49] も行われている.

リングローリングでは,最終製品を得るにはリングは 200〜300 回転程度の工程を要し,陰解法の有限要素法では長時間の計算時間が必要となるために,動的陽解法によるシミュレーションが多用されており,剛粘塑性体の動的陽解法による解析のための定式化と軟鋼の矩形断面および異形断面リングの数値シミュレーション [50],かさ歯車ブランクや航空機エンジンケースのリングローリングのシミュレーション [51],Ti-6 Al-4 V [52] および IN 718 [53] の矩形断面のリングローリングの数値シミュレーションなどが行われている.

リングローリングは主として熱間加工であるから,有限要素法においては熱との連成解析が必須であり,剛塑性有限要素法 [54] および動的陽解法による弾塑性有限要素法 [55] によって Ti-6 Al-4V [55] や AISI 4140 [56] の矩形断面リングの熱

連成解析が行われている.また,動的陽解法による熱連成解析では,チタン合金(Ti-6Al-2Zr-1Mo-1V)の α 相の変化[57],SUJ 2 相当材の矩形断面リングのプリフォーム成形とリングローリングにおける空孔を想定した損傷解析[58]など,より具体的な問題を想定した数値解析が行える状況になってきている.

5.4 リングローリングのフレキシブル化

図 5.1 および図 5.4 に示したラジアル-アキシャルリングローリングミルは,CNC 化に伴って制御方式が変位制御に代ってきたものの,1900 年代初頭に開発されて以来,その構造は現在まで不変である.一方,数値制御技術とその周辺機器の発展によって,図 5.15[59]に示すように,小型の機械においてはマンドレルを半径方向だけではなく軸方向にも移動させるリングローリングが可能となり,インクリメンタルリングローリング[59]と呼ばれている.

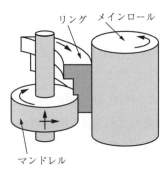

図 5.15　インクリメンタルリングローリング[59]

インクリメンタルリングローリングは,図 5.16[59]に示すように種々の方法が考案されており,図(a)は製品リングの溝幅より狭い軸方向長さ(幅)のマンドレルを逐次軸方向に移動させて圧下する方式,図(b)はマンドレルを半径方向と軸方向に任意のパスで移動させて種々のリング内側形状を与える方式,図(c)はリング材料の軸方向(幅方向)流れを拘束して端面形状を規制する方式,図(d)は溝付きのメインロールを用いることによってリングの軸方向(幅方向)変形を拘束する方式,図(e)はダイないしはコンテナによって製品リングの外表面や端面を拘束して,リングの内面形状のみを成形する方式,図(f)は非対称断面のリングを成形が安定するように対称断面の 2 個取りとする方式,などがある.

このようなフレキシブルなリングローリングを可能とする小型の装置[60],

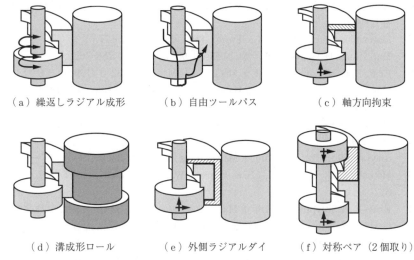

(a) 繰返しラジアル成形　　(b) 自由ツールパス　　(c) 軸方向拘束

(d) 溝成形ロール　　(e) 外側ラジアルダイ　　(f) 対称ペア (2個取り)

図 5.16　インクリメンタルリングローリングの分類例[59]

軸方向や円周方向の変形の拘束を実現する小型の装置[61]などが開発されている.

このほかに, リングの回転角に同期させてマンドレルを半径方向に出し入れすることによって, 偏心形状など厚さが角度によって変化するリングローリング[62]も試みられている.

引用・参考文献

1) 日本塑性加工学会編：回転加工, 塑性加工技術シリーズ 11, (1990), 106-127, コロナ社.
2) Bolin, R.：Ring Rolling, ASM Handbook, **14A**, Metalworking: Bulk Forming, (2005), 136-155, ASM International.
3) Johnson, W. & Needham, G.：Int. J. Mech. Sci., **10** (1968), 95-113.
4) Mamalis, A.G., Hawkyard, J.B. & Johnson, W.：Int. J. Mech. Sci., **18** (1976), 11-16.
5) Allwood, J.M., Tekkaya, A.E. & Stanistreet, T.F.：Steel Res. Int., **76**-2/3 (2005), 111-120.

6) Allwood, J.M., Tekkaya, A.E. & Stanistreet, T.F. : Steel Res. Int., **76**-7 (2005), 491-507.
7) Marczinski, H.J. : Metall. Met. Form., **43**-6 (1976), 171-177.
8) Marczinski, H.J. & Bido, W. : Stahl Eisen, **98**-15 (1978), 754-763.
9) Eruç, E. & Shivpuri, R. : Int. J. Mach. Tools Manufact., **32**-3 (1992), 399-413.
10) Mamalis, A.G., Johnson, W. & Hawkyard, J.B. : J. Mech. Eng. Sci., **18**-4 (1976), 184-195.
11) Mamalis, A.G., Johnson, W. & Hawkyard, J.B. : J. Mech. Eng. Sci., **18**-4 (1976), 196-209.
12) Shivpuri, R. & Eruç, E. : Int. J. Mach. Tools Manufact., **33**-2 (1993), 153-173.
13) Mamalis, A.G., Hawkyard, J.B. & Johnson, W. : Int. J. Mech. Sci., **17** (1975), 669-672.
14) Eruç, E. & Shivpuri, R. : Int. J. Mach. Tools Manufact., **32**-3 (1992), 379-398.
15) Orowan, E. : Proc. Inst. Mech. Eng., **150** (1943), 140-167.
16) Bland, D.R. & Ford, H. : Proc. Inst. Mech. Eng., **159** (1948), 144-149.
17) Parvizi, A., Abrinia, K. & Salimi, M. : J. Mater. Eng. Perform., **20**-9 (2011), 1505-1511.
18) Hawkyard, J.B., Johnson, W., Kirkland, J. & Appleton, E. : Int. J. Mech. Sci., **15** (1973), 873-893.
19) Hill, R. : The mathematical theory of plasticity, (1950), 254-261, Oxford University Press.
20) Quagliato, L. & Berti, G.A. : Int. J. Mech. Sci., **123** (2017), 311-323.
21) 葉山益次郎・大島勉：塑性と加工, **22**-240 (1981), 71-79.
22) 葉山益次郎：塑性と加工, **22**-246 (1981), 717-724.
23) Ryoo, J.S. & Yang, D.Y. : J. Mech. Work. Technol., **12** (1986), 307-321.
24) Parvizi, A. & Abrinia, K. : Int. J. Mech. Sci., **79** (2014), 176-181.
25) Hill, R. : J. Mech. Phys. Solids, **11** (1963), 305-326.
26) Lugora, C.F. & Bramley, A.N. : Int. J. Mech. Sci., **29**-2 (1987), 149-157.
27) Hahn, Y.H. & Yang, D.Y. : J. Mater. Process. Technol., **26** (1991), 277-280.
28) Hahn, Y.H. & Yang, D.Y. : J. Mater. Process. Technol., **40** (1994), 451-463.
29) Tszeng, T.C. & Altan, T. : J. Mater. Process. Technol., **27** (1991), 151-161.
30) Joun, M.S., Chung, J.H. & Shivpuri, R. : Int. J. Mach. Tools Manufact., **38** (1998), 1183-1191.
31) Yang, D.Y. & Kim, K.H. : Int. J. Mech. Sci., **30**-8 (1988), 571-580.
32) Xu., S.G., Lian, J.C. & Hawkyard, J.B. : Int. J. Mech. Sci., **33**-5 (1991), 393-401.
33) Xu, S.G., Edt. by Wang, Z.R. & He, Y.X. : Advanced Technology of Plasticity 1993, **3** (1993), 1413-1418, International Academic Publishers.
34) Yang, D.Y., Kim, K.H. & Hawkyard, J.B. : Int. J. Mech. Sci., **33**-7 (1991), 541-550.

35) Takizawa, H., Matsui, T. & Kikuchi, H., Edt. by Kiuchi, M., Nishimura, H. & Yanagimoto, J. : Advanced Technology of Plasticity 2002, **1** (2002), 673-678.
36) Xu, S.G. & Cao, Q.X. : J. Mater. Process. Technol., **43** (1994), 221-235.
37) Xu, S.G., Weinmann, K.J., Yang, D.Y. & Lian, J.C. : Trans. ASME, J. Manuf. Sci. Eng., **119** (1997), 542-549.
38) Hu, Y.K. & Liu, W.K. : Int. J. Numer. Methods Eng., **33** (1992), 1217-1236.
39) Davey, K. & Ward, M.J. : Int. J. Numer. Methods Eng., **47** (2000), 1997-2018.
40) Davey, K. & Ward, M.J. : Int. J. Mech. Sci., **44** (2002), 165-190.
41) Kim, N., Machida, S. & Kobayashi, S. : Int. J. Mach. Tools Manufact., **30**-4 (1990), 569-577.
42) Yea, Y., Ko, Y., Kim, N. & Lee, J. : J. Mater. Process. Technol., **140** (2003), 478-486.
43) Park, J.J., Rebelo, N. & Kobayashi, S. : Int. J. Mach. Tool Des. Res., **23** (1983), 71-79.
44) Kang, B.S. & Kobayashi, S. : Int. J. Mach. Tools Manufact., **31**-1 (1991), 139-151.
45) Hu, Z.M., Pillinger, I., Hartley, P., McKenzie, S. & Spence, P.J. : J. Mater. Process. Technol., **45** (1994), 143-148.
46) Lim, T., Pillinger, I. & Hartley, P.: J. Mater. Process. Technol., **80-81** (1998), 199-205.
47) Utsunomiya, H., Saito, Y., Shinoda, T. & Takasu, I. : J. Mater. Process. Technol., **125-126** (2002), 613-618.
48) Song, J.L., Dowson, A.L., Jacobs, M.H., Brooks, J. & Beden, I. : J. Mater. Process. Technol., **121** (2002), 332-340.
49) Forouzan, M.R., Salimi, M. & Gadala, M.S. : Int. J. Mech. Sci., **45** (2003), 1975-1998.
50) Xie, C., Dong, X., Li, S. & Huang, S. : Int. J. Mach. Tools Manufact., **40** (2000), 81-93.
51) Wang, Z.W., Zeng, S.Q., Yang, X.H. & Cheng, C. : J. Mater. Process. Technol., **182** (2007), 374-381.
52) Wang, Z.W., Fan, J.P. Hu, D.P., Tang, C.Y. & Tsui, C.P. : Int. J. Mech. Sci., **52** (2010), 1325-1333.
53) Guo, L. & Yang, H. : Int. J. Mech. Sci., **53** (2011), 286-299.
54) Anjami, N. & Basti, A. : J. Mater. Process. Technol., **210** (2010), 1364-1377.
55) Wang, M. Yang, H., Sun, Z.C. & Guo, L.G. : J. Mater. Process. Technol., **209** (2009), 3384-3395.
56) Zhou, G., Hua, L., Qian, D., Shi, D. & Li, H. : Int. J. Mech. Sci., **59** (2012), 1-7.
57) Zhu, S., Yang, H., Guo, L. & Di, W. : Procedia Engineering, **81** (2014), 274-279.

58) Wang, C., Geijselaers, H.J.M., Omerspahic, E., Recina, V. & van den Boobaard, A.H. : J. Mater. Process. Techonol., **227** (2016), 268-280.
59) Allwood, J.M., Kopp, R. Michels, D., Music, O., Öztop, M., Stanistreet, T.F., Tekkaya, A.E. & Tiedemman, I. : CIRP Ann., **54**-1 (2005), 233-236.
60) Stanistreet, T.F., Allwood, J.M. & Willoughby, A.M. : J. Mater. Process. Technol., **177** (2006), 630-633.
61) Cleaver, C. & Allwood, J. : CIRP Ann., **66** (2017), 285-288.
62) Cleaver, C.J., Arthington, M.R., Mortazavi, S. & Allwood. J.M. : CIRP Ann., **65**, (2016), 281-284.

6 スピニング

6.1 概　　説

6.1.1 スピニングの基本加工法

　スピニングは，旋盤状の回転加工機械の主軸にマンドレルをセットしてそれにブランクを取り付けて回転し，ローラー（またはへら）を押し付けながらマンドレルと同じ形状の製品を得る回転成形であり，基本的には**図 6.1** のよう

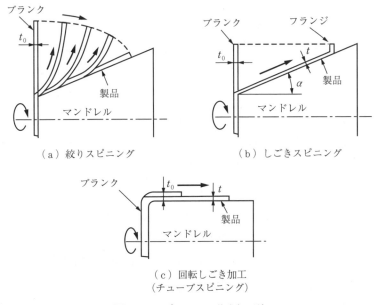

図 6.1　スピニングの基本加工法

な3種類の加工法に分類できる．

図6.1（a）の絞りスピニングはへら絞りとも呼ばれ，板状ブランクから製品を得るのに図中に示すようなパスに沿ってローラーを移動させ，製品外径を徐々に絞りながらマンドレルになじませる多サイクル加工である．製品壁厚は変化しないと誤解される場合があるが，外径を絞り込む過程でローラーをブランク外縁部に向かって移動させる際に，後述のようにローラー前面に環節が形成されて壁部を引張るので，往復パスを採用しない場合には製品壁厚 t は必然的にブランク初期板厚 t_0 より薄くなる．図中にはローラーがフランジ外縁部に向かうパスが矢印で示されているが，後述のようにフランジ外縁部からマンドレルに向かうパスも組み合わせて往復絞りで成形する場合もある．

図（b）のしごきスピニングでは，図のような円すい体の場合，ローラーをマンドレルに沿って移動させるだけで成形できる．ブランクの外縁直径は変化せずに成形中にフランジ部が拘束体としての役目を果たし，製品壁厚 t はマンドレルの円すい半角を α とするとき，元の板厚 t_0 の $\sin \alpha$ 倍にしごかれる（$t = t_0 \sin \alpha$，正弦則）．図のような円すい体だけではなく，だ円体やパラボラ形など種々の形の製品が成形できる．

図（b）で $\alpha = 0$ とすると円筒状製品に該当するが，前述の正弦則で $t = 0$ となるので，直接，板状ブランクからのしごきスピニングは成立せず，絞りスピニングでしか加工できないことになる．したがって，$\alpha = 0$ の場合は，図（c）のように底付きのブランクないしは円筒状のブランク（管材）の壁部をしごいて軸方向に延伸することのみが可能となるので，回転しごき加工[1,2]（チューブスピニング）と呼んで，図（b）のしごきスピニングと区別する．

しごきスピニングをシェアフォーミングと呼ぶことがあり，また回転しごき加工（チューブスピニング）をフローフォーミングと呼ぶ[3,4]こともある．さらに，ローラーをロール，マンドレルを成形型あるいは心金と呼ぶことがある．マンドレルは製品の形状に応じて総形型や分割型を使用するが，製品寸法が大きい場合や構造上使用できない場合にはマンドレルの代りに内ローラー（部分型）を用いる．

このほかに,圧力容器や種々の管材の管端閉じを行うクロージング(ドーミング),張出し加工のバルジング,底付き容器や管状体の一部分の直径を減少させるネッキング,管端を広げてフランジを形成するフレアリングなどもスピニングの範ちゅうに含まれる.また,トリミングローラーやバイトで縁部を切り落とすトリミング,縁巻きを行うカーリングやヘミング,口締めのためのシーミング,端部をビード状にして補強するビーディング(リッジング)などの縁加工も,スピニングの付帯加工に含まれる.

6.1.2 スピニングの経済性

他の加工法と比較した場合のスピニングの経済性についても,従来からいくつかの報告があり,一例として3種類の製品形状に対する生産量と単価(生産コスト)の関係[5]を示すと,**図6.2**のようになる.少し古い資料であり,図の横軸と縦軸の数値は現在では異なった数値として考える必要があるが,図に描かれている本質は変わらない.

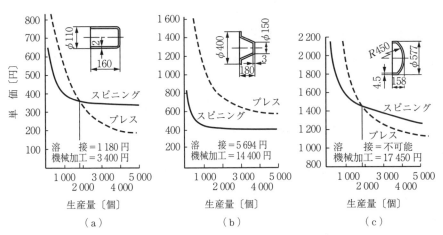

図6.2 生産量と単価(生産コスト)の比較[5]

例えば,図(a)は底付きの円筒状薄肉製品の例であり,深絞りの限界絞り比より大きな絞り比の製品であるから,プレス加工でも再絞りを伴う複数工程が必要となるが,スピニングでは絞りスピニングで加工することとなり多サイ

クルの加工となるので加工時間を要する．絞りスピニングにおけるスピニング機械の設備費，ローラー，マンドレルの製作費とプレス加工におけるプレス機械の設備費，パンチ，ダイ等の金型製作費等々を含む比較を行えば，ロット数が多くなるとプレス加工が優位になり，ロット数が少ないとスピニングが適することになる．通常はこの図（a）に基づいて，スピニングは多種少量生産向きであるといわれている．

一方，図（b）は底付きの円すい状薄肉製品の例であり，図6.1（b）に示すようにしごきスピニングではローラーの1パスで加工でき，しかも後述のように製品の精度も良好であるが，プレス加工で円すい状の製品を加工するためには多数の型と工程が必要となり，量産においてもスピニングの経済性が優れている．このように製品形状によっては量産においてもスピニングの経済性が優れている場合もあり，しごきスピニングが利用できるような形状に製品設計するなどの工夫が望まれる．

6.1.3 スピニングにおける加工性

国内で実際にスピニングに使用されている加工材料の調査結果[6]によれば，炭素鋼，アルミニウム，ステンレス鋼の占める割合が高く，通常の塑性加工で使用される材料はすべてスピニングで使用されている．プレス成形と同様に延性に富む材料は成形しやすいが，延性が低い場合には中間焼なましを施して用いる．また，ローラーによる局部的な塑性変形による加工であるために，難加工材と称される材料の成形も比較的容易であり，一般に2%以上の伸びがあればスピニングで加工できる[7]ともいわれている．

炭素鋼，ステンレス鋼を含む合金鋼と工具鋼；アルミニウムとその合金；銅，黄銅とその合金；貴金属；鉛と鉛－すず合金；Hastelloy, Inconel, Rene 41を含む高温・高強度の鉄基合金；ニッケルとその合金；Vascojet 1000, D6ACのような超高強度鋼；およびチタン合金，ジルコニウム合金，モリブデン合金，タングステン合金，タンタル合金のような高融点合金がスピニングで加工されている．硬さがHRC 35までの多くの金属は室温で加工できる．ベ

6.1 概　説

表6.1　各種材料の成形難易度[9]（＊は加熱）

材　料	絞りスピニング		しごきスピニング（円すい半角 α）		
	浅いもの	深いもの	40〜90 [°]	25〜40 [°]	11〜25 [°]
（アルミニウム系）					
1100-O	100 (1.0)	100 (1.0)	100	75	50
3003-O	100 (1.0)	99 (1.0)	100	75	50
3004-O	100	90	100	75	50
5052-O	90	65	100	75	50
5054-O	90	85	100	75	50
5086-O	88	75	100	75	50
2014-O	75	60*	100	95	65
2024-O	65	45	100	95	65
6061-O	95	85	100	95	65
（銅系）					
銅	100 (0.87)	92 (0.87)	100	90	80
黄銅	95	75	100	80	75
青銅	90	60	90	70	45
（鋼系）					
SAE 1010-1020	100 (0.91)	95 (0.91)	100	95	90
SAE 4130	80	50*	90	75	—
亜鉛めっき鋼	100	80	100	90	—
SAE 4340	75	45*	85	70	—
AISI-8630	70*	40*	—	—	—
（ステンレス系）					
202	100	78	100	92	85
302	98	80	100	95	90
304	98 (0.65)	90 (0.65)	100	95	90
305	100	100	100	95	90
316	90	60	98	90	80
321	85	50	98	90	80
347	90 (0.67)	50 (0.67)	98	90	80
17-7 PH	80*	60*	70*	—	—
405, 410	90	70	90	80	70
430	90	50	90	80	70
446	50*	35*	90	80	70
4750	95	70	100	85	65
（ニッケル系）					
Monel	100 (0.86)	88 (0.82)	100	92	—
Inconel	90 (0.81)	70 (0.75)	90	80	—
Inconel 702	85	60	—	—	—
Incoly T	80	55	—	—	—
Inconel X	90	50	—	—	—
A-286	70*	60*	—	—	—
ニッケル	100 (0.86)	92 (0.86)	—	—	—
Hastelloy B	70	35	90	75	60
Hastelloy C	50	10	90	75	60
Haynes 25	70*	40*	90*	75*	—
（その他）					
鉛	96 (0.90)	90 (0.85)	—	—	—
すず	100	99	—	—	—
亜鉛	100 (0.94)	100 (0.94)	—	—	—
タンタル	86	45	—	—	—
マグネシウム	80*	70*	90*	80*	70*
モリブデン	75*	35*	—	—	—
チタン	60*	25*	90*	85*	75*

リリウム合金，マグネシウム合金，タングステン合金，ほとんどのチタン合金および高融点合金は延性を向上させるために加工前またはスピニング中に加熱される[8]．

表6.1に適用しうる各種材料の代表的なものと各グループごとの成形のしやすさを100を基準として示す[9]．これらの数値は経験値であって，十分な工学的裏付けのあるものではないが，材料特性との関係を知るうえで参考になる．表6.1中のかっこ内の数値は別のデータをアルミニウム1100-O材および3003-O材を1として種々の材料の成形難易度[10],[11]を比較したものである．絞りスピニングの成形性は円筒状製品の限界絞り比，しごきスピニングおよび回転しごき加工の場合は後述のように1パス当りの限界壁厚減少率によって評価でき，これらのスピニングにおける成形性（スピナビリティ）は，引張試験におけるn値，絞りなどの材料特性と関連付けて論じる必要がある．

6.1.4 スピニングにおける潤滑剤

スピニングに関する国内調査[6]によれば，潤滑剤を使用していない例が14.5%もあり，残りの85.5%が潤滑剤を使用しているが，粘性係数の低い機械油を使用しているものが54%を占めており，流体潤滑に近い状況が作り出されていることから，他の塑性加工ほど潤滑剤の選択に神経質でないといわれている．しかし，実際には加工法，材料，加工温度によって適切な潤滑剤を選択する必要がある．

冷間の絞りスピニングでは，主としてはけ塗りでグリース，石けん，ワックス，牛脂やそれらの混合物が使用されるが，加工後に容易に除去できることが重要である．一方，しごきスピニングや回転しごき加工では，加工中の発熱が著しいので，潤滑と冷却を兼ねた潤滑剤が必要であり，油性の冷却剤のほかに水溶性油のエマルションを含む水性冷却剤などを，被加工材とローラーに大量にかけている．

炭素鋼と低合金鋼では，エマルションと塩素化合物，硫黄化合物，エステルなどを含む水性潤滑剤が使用されるが，ステンレス鋼には亜鉛，塩素，硫黄系

の添加剤は使用しない.

耐熱合金には,基油に硫黄系添加剤を加えたもの,エステルを含むエマルションに硫黄系添加剤を加えたものなどが効果的であるが,ニッケル基合金の場合には硫黄系添加剤,塩素系添加剤,二硫化モリブデンは加工後に除去できないので,これらが含まれない潤滑剤を使用する必要がある.

ニオブの冷間スピニングにおいては,油に二硫化モリブデン,あるいは石けんベースのペーストに黒鉛を混ぜて用いている.

アルミニウムとアルミニウム合金には,蜜ろう,ワックス,牛脂や石けんが用いられているが,熱間スピニングではコロイド状黒鉛を懸濁させた油や二硫化モリブデンがよく用いられる.

マグネシウム合金やチタン合金のスピニングでは,加工温度によって潤滑剤を使い分ける.例えばチタン合金の場合,205℃以下ではコロイド状の黒鉛や二硫化モリブデンを含む油を用いるが,425℃以上では黒鉛や二硫化モリブデンにベントナイトや雲母の粉末を混ぜたグリースや窒化ホウ素を用いる.

このほかにベリリウムのスピニングでは,コロイド状の黒鉛やガラスを潤滑剤として用いる.

6.1.5　スピニング製品の精度

図6.1に示した基本的な加工法に対する製品精度の例[12]を**表6.2**に示す.表中のAは通常要求される加工精度,Bは精度を意識せずに,Cは精度を意識して加工した場合の精度である.Iの絞りスピニングは多サイクル加工であるから,高い精度は期待できない.これに対して,IIのしごきスピニングやIIIの回転しごき加工ではマンドレルに密着した加工ができるから,かなりの精度が得られる.

同様に,基本的な加工法について,経済的加工精度(有効精度)と可能精度に分けて示すと,**表6.3**[13]のようになる.しごきスピニングについては,表面粗さは0.5μm程度の加工が可能であるが,通常の加工では1.5μm程度ともいわれている[7].

表6.2 スピニングにおける精度例[12]

分類	素材	加工精度 〔mm〕		A	B	C
Ⅰ 絞りスピニング	SPCC $t\,2.0 \times \phi\,260$	1) 厚さ分布	①	1.2	1.2	1.2
		〃	②	1.3	1.3	1.2
		〃	③	1.6	1.6	1.3
		2) 内径誤差		±0.7	±1.0	±0.4
		3) 真円度	①	0.16	0.5	0.15
		〃	②	0.6	1.0	0.5
		〃	③	0.9	1.5	0.8
		4) 表面粗さ	(外)	3 S	14 S	3 S
		〃	(内)	2 S	10 S	2 S
Ⅱ しごきスピニング	SUS 316 J1L $t\,0.65 \times \phi\,370$	1) 厚み誤差		±0.02	±0.05	±0.02
		2) 真円度		0.02	0.1	0.02
		3) 表面粗さ	(外)	1 S	10 S	1 S
		〃	(内)	1 S	10 S	1 S
Ⅲ 回転しごき加工	STPG 370 切削品 $\phi\,106.4 \times t\,3.2$ $\times l\,100$	1) 厚み誤差		±0.05	±0.2	±0.01
		2) 内径誤差		±0.5	±0.8	±〜
		3) 真円度		0.2	0.8	0.1
		4) 真直度		0.1	0.5	0.07
		5) 表面粗さ	(外)	10 S	13 S	6 S
		〃	(内)	10 S	10 S	2 S

A:通常要求されるもの,B:精度を意識しない場合,C:精度を意識した場合

表6.4は製品直径に対する公差の例[8]である.この表に示されているように,特に精度を要求するもの,例えば航空機部品のようなものには寸法公差を一般商業用より厳しくしている.

表6.5は回転しごき加工による円筒製品の精度の例[14]で,プリフォーム,加工後のマンドレル上の精度,マンドレルから取り外した後の精度,両端を切断した後の精度が比較されており,きわめて貴重な資料である.

6.1 概説

表 6.3 スピニングにおける有効精度と可能精度 [13]

加工方式	精度種別	有効精度	可能精度
I 絞りスピニング	内径精度 $\Delta d/d$	±0.3%	±0.15%
	厚さ精度 $\Delta t/t_0$	(l/d 大) +0 −30% (l/d 小) +0 −10%	±0.5%
	真円度 $\Delta d'/d$	±0.15%	±0.1%
	表面粗さ (外) (内)	5 S 2 S	3 S 2 S
II しごきスピニング	内径精度 $\Delta d/d$	±0.1%	±0.05%
	厚さ精度 $\Delta t/t_0$	±3%	±1%
	表面粗さ	3 S	1 S 以下
III 回転しごき加工	内径精度 $\Delta d/d$	±0.1%	±0.03%
	厚さ精度 $\Delta t/t_0$	±1.0%	±0.3%
	偏肉率 $\Delta t'/t$	±1.0%	±0.05%
	表面粗さ (外) (内)	5 S 1 S	3 S 1 S

表 6.4 スピニングにおける直径公差の例 [8]

製品直径 〔mm〕	直径公差〔mm〕 一般目的	直径公差〔mm〕 特殊目的	製品直径 〔mm〕	直径公差〔mm〕 一般目的	直径公差〔mm〕 特殊目的
~610	0.4~0.8	0.03~0.13	2 464~3 048	3.2~4.0	0.63~0.76
635~914	0.8~1.2	0.13~0.25	3 073~5 334	4.0~4.8	0.76~1.02
940~1 219	1.2~1.6	0.25~0.38	5 359~6 604	4.8~7.9	1.02~1.27
1 245~1 829	1.6~2.4	0.38~0.51	6 629~7 925	7.9~12.7	1.27~1.52
1 854~2 438	2.4~3.2	0.51~0.63			

表 6.5 回転しごき加工による円筒製品の精度例 [14]

	プリフォーム 真円度 (外径)	プリフォーム 真円度 (内径)	プリフォーム 偏肉 (軸)	プリフォーム 偏肉 (円周)	マンドレル上 真円度 (外径)	マンドレル上 真直度	取り外した後 真円度 (外径)	取り外した後 真直度	取り外した後 偏肉 (軸)	取り外した後 偏肉 (円周)	切断後 真円度 (外径)	切断後 真直度
1	0.02	0.015	0.01	0.01	0.025	0.015	0.51	0.05	0.02	0.01	0.10	0.04
2	0.09	0.03	0.02	0.02	0.01	0.05	0.62	0.07	0.02	0.01	0.20	0.04
3	0.07	0.035	0.02	0.025	0.015	0.025	0.37	0.06	0.01	0.00	0.34	0.07
4	0.11	0.035	0.02	0.05	0.015	0.025	0.24	0.07	0.02	0.02	0.14	0.05

6.1.6 スピニングの適用分野

スピニングでは，**図6.3**[15)]に示すようにあらゆる種類の回転対称形の製品の加工が可能であり，以前は家庭用什器，容器，照明器具，音響製品など比較的薄肉製品の多種少量生産に利用されていたが，最近では数値制御の自動機械で宇宙航空用，電気通信用，化学プラント用，原子力産業用あるいは一般の機械部品への適用が増えてきており，なかでも自動車関連部品への適用[16),17)]の割合が急増している．これに伴って，製品も厚肉化してきており，加工機械も高剛性になってきている．

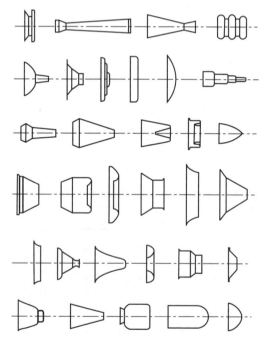

図6.3 スピニング製品の形状例[15)]

また，図6.1に示した基本的な加工法が単独で用いられることは少なくなってきており，厚板から曲げ，絞り-しごきスピニング（絞りスピニングとしごきスピニングの同時加工），回転しごき加工などを行って，1チャックで内歯や外歯の付いた部品の複合加工[18)]が増えてきている．さらに，しごき加工で壁厚を薄くするだけではなく，逆に増肉してボス部を成形したり，裂開（スプ

リッティング）後に材料を複数方向に流すなど，材料流動制御が重要になりつつある．このほかに，自動制御技術の発展によって，非軸対称部品の加工なども行われるようになってきている．

6.2 絞りスピニング

6.2.1 絞りスピニングにおける加工手順

　絞りスピニングは，図6.1（a）に示すように板状のブランクから図中に示すようなパスに沿ってローラーを移動させ，製品外径を徐々に絞りながらマンドレルになじませる加工法であり，一般に多サイクル加工となる．ピボット式のへら絞りやピボット式のローラー絞りによる手加工も行われているが，加工の再現性を向上させるためには自動機械による加工が必須で，以前は多段テンプレートや可動テンプレートを利用した倣い方式による自動加工が行われていたが，最近は数値制御方式による多サイクル加工が行われている．また，熟練技術者の経験的知識と技能を有効に利用するために，ティーチイン－プレイバックシステム（PNC方式と呼ばれる）スピニング加工機も利用されている．

　図6.4に，板状ブランクから円筒状製品を得る多サイクル絞りスピニングのパス経路の例[19]を示す．製品形状は単純であり絞りスピニングにおける最も基本的な加工と考えられるが，深絞りのような半径絞りをブランクを回転させながら行うので，加工中に座屈を生じてしわを発生しやすく，また壁部の一部が伸長されて破断を生じやすいので，絞りスピニングにおいて最も難しい加工である．これに対して，浅い（円筒高さの低い）製品はロー

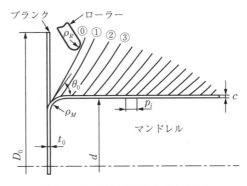

図6.4 円筒状製品の多サイクル絞りスピニング[19]

ラーの1パスで加工でき，単純絞りスピニングと呼んで，多サイクル絞りスピニングと区別している．

製品図面，製品仕様が与えられてから製品完成に至るまでの手順を考えてみると，まず最初に製品形状から想定される主たる加工方法，縁加工などを含めた付帯加工の組合せなど一連の加工手順を決定し，ついで，採用する各加工方法における加工条件の選定作業を行う．加工条件の選定作業ないしは工程設計が最も難しいといわれる多サイクル絞りスピニングについてそのフローを示すと，図6.5のようにまとめられる．

加工条件のうちでマンドレルの形状・寸法，ブランク形状，クリアランス（ローラーとマンドレルの間の隙間）などは，他の加工条件によらず製品図面や体積一定条件などから決められるので，固定加工条件[20]と呼ばれている．それに対して，工程設計の段階で，設計者の裁量で選定しうる加工条件を流動加工条件[20]と呼ぶが，加工中にしわや破断を生じないように流動加工条件を選定する必要がある．また，かりに加工中に欠陥を生じないように一連の加工条件を選択したとしても，形状精度，寸法精度，表面仕上げなどの製品に対するすべての要求（仕様）を満たしているとは限らず，選びうる流動加工条件が製品形状に密接に影響を及ぼすところに，絞りスピニングにおける加工条件選定の難しさがある．

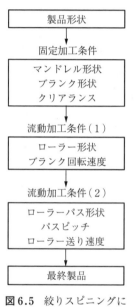

図6.5 絞りスピニングにおける基本流れ図

これらの加工条件の選定によって一つのパススケジュールが決定されるが，製品に対するすべての要件を満たし，同時に最小のパス回数で加工するような最適なパススケジュールを選定する必要があり，従来は経験に基づいた試行錯誤によって決定されていた．

6.2.2 固定加工条件と流動加工条件（1）の選定

図6.5における固定加工条件のマンドレルの直径 d，マンドレルのコーナー丸み半径 ρ_M，ブランクの直径 D_0，ブランクの板厚（初期板厚）t_0，ローラーとマンドレルの間のクリアランス c は製品図面などから決定できる．また，体積一定条件から，最小の製品高さ h_m も固定加工条件の諸値を用いて式（6.1）で計算できる[20]．

$$\frac{h_m}{d} = \frac{\rho_M + t_0}{d} + \frac{t_0 d}{4c\bar{d}}\left[\left(\frac{D_0}{d}\right)^2 - \left(1 - \frac{2\rho_M}{d}\right)^2 - \frac{2\pi\bar{\rho}_M'}{d}\left(1 - \frac{2\rho_M}{d}\right) - 8\left(\frac{\bar{\rho}_M'}{d}\right)^2\right] \tag{6.1}$$

ただし，$\bar{\rho}_M' = \rho_M + t_0/2$，$\bar{d} = d + c$ とする．

ついで，ローラー形状（直径 D_R，丸み半径 ρ_R），ブランク回転速度 N の流動加工条件（1）は，経験値に基づいて以下のように選定できる[20]．

$$D_R = 0.1 D_0 + 120 \pm 60 \ [\text{mm}] \tag{6.2}$$

$$\rho_R = (0.012 \sim 0.05) D_0 \ [\text{mm}] \tag{6.3}$$

$$N = \frac{95\,000 \sim 320\,000}{D_0} \ [\text{rpm}] \tag{6.4}$$

ローラーの材料は，SK 120，SK 105，SUJ 3，SKD 11 および超硬合金などが使用されている．ローラー丸み半径 ρ_R を大きくすると，フランジ部にしわが発生しやすくなる．加工中に**図6.6**のようにローラーと接するブランク（B部）に環節状の輪が形成されて，ローラーがこの環節をフランジの外縁（A部）まで押出していく[21),22)]．

環節ができるとフランジの変形は安定する．ρ_R が大きいと環節ができにくく，フランジは不安定となってしわが発生しやすい．逆に ρ_R が小さすぎると，環節を外縁まで運ぶ加工力が増大して局部的に破断が生じやすく

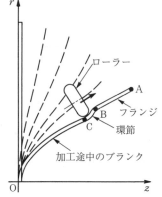

図6.6 ローラー前面の環節の形成[22]

なる．ρ_R が大きいと壁厚の減少が少ないので製品の高さは低く，表面粗さも比較的よいものが得られる．

6.2.3 流動加工条件（2）の選定

多サイクルで効率よく絞りスピニングを行うためには，ローラーのパス形状，パスピッチ（パスサイクル），ローラーの送り速度（パス形状に沿う接線方向速度）の選定が重要で，従来は蓄積された技術的ノウハウに基づく試行錯誤によって決定されていた．

〔1〕 **ローラーパス形状の選定**

パス形状は，倣い方式の加工機械ではテンプレート形状，NC 方式の加工機械では数値情報などで与える．テンプレートの形状が円筒状製品の限界絞り比に及ぼす影響[23]を**図 6.7** に示すように，直線形よりも凹形テンプレートを用いたほうが限界絞り比が向上し，回転方式のインボリュート曲線形状テンプレート（インボリュート曲線の基点を中心にしてインボリュート曲線を逐次回転して得られる曲線群）ではさらに向上する．

回転方式のインボリュート曲線群は，インボリュート曲線の基円半径 a, インボリュート曲線の基点の座標

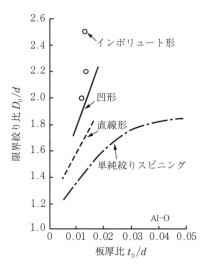

図 6.7 テンプレートの形状と限界絞り比[23]

(x_m, y_m) および後期パスのマンドレル側面上におけるピッチ p_i を指定すれば，幾何学的に確定し，数値制御で利用しやすい数式表示[19]が与えられている．ただし，このインボリュート曲線群を任意に設定できるのではなく，この設定の仕方によっては加工中にしわや破断などの欠陥を生じ，同時に製品形状が変化する．

図6.8に示すローラーパスの決定手順を，以下に具体的に示す．ただし，長さを表す諸値をインボリュート曲線の基円半径 a で割って，値の上にドットを付し，例えば $\dot{x}=x/a$, $\dot{r}=r/a$ のように表すこととする．

(1) マンドレル軸を $O\dot{X}$ として $O\text{-}\dot{X}\dot{Y}$ 座標に直径 $\dot{d}$ のマンドレルの位置を決める．

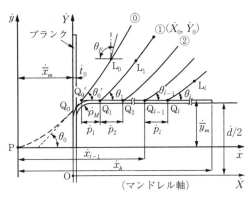

図6.8 絞りスピニングにおけるローラーパス経路 [19]

(2) ブランク板厚 $\dot{t}_0$ を考えて，マンドレルから $\dot{x}_m$, $\dot{y}_m$ の位置に点Pをとり，P-$\dot{x}\dot{y}$ 座標を作る．点Pを原点とする極座標を $(\dot{r},\varphi)$ とするとき，インボリュート曲線のパス形状は $\dot{r}$ を与えると式 (6.5) で描ける．

$$\dot{x}=\dot{r}\cos\varphi, \quad \dot{y}=\dot{r}\sin\varphi \tag{6.5}$$

ただし

$$\varphi=0.97\,\dot{r}^{0.5138} \tag{6.6}$$

(3) 体積一定条件から，最小の製品高さ h_m を前述の式 (6.1) で計算しておく．

(4) ブランクがマンドレルの丸み部に接するように行う最初のパスを初期パスと名付けて図6.8に ⓪ で示すと，ブランクは丸み部と点 Q_0 ($\dot{x}_0$, $\dot{y}_0$) で接し，その点の接線角すなわち初期パスの立上がり角 θ_0 は，次式で与えられる．

$$\dot{x}_0=\dot{\bar{x}}_m+\bar{\rho}_M(1-\sin\theta_0), \quad \dot{y}_0=\dot{\bar{y}}_m-\bar{\rho}_M(1-\cos\theta_0) \tag{6.7}$$

$$\theta_0=0.485\,(\dot{x}_0^{\,2}+\dot{y}_0^{\,2})^{0.2569}+\tan^{-1}\left(\frac{\dot{y}_0}{\dot{x}_0}\right) \tag{6.8}$$

ただし

$$\dot{\bar{x}}_m=\dot{x}_m-\dot{t}_0, \quad \dot{\bar{y}}_m=\dot{y}_m+\dot{t}_0, \quad \bar{\rho}_M=\dot{\rho}_M+\dot{t}_0 \tag{6.9}$$

(5) θ_0 の値を選定し，$\dot{\bar{y}}_m$ を仮定する．例えば，初期値として
$$\theta_0 = 0.9 \text{ rad}, \quad \dot{\bar{y}}_m = 0.04 \tag{6.10}$$
と与え，式 (6.7)～式 (6.9) から $\dot{\bar{x}}_m$ を求める．

(6) インボリュート曲線の基円半径 a のうち，最小の製品高さを与えるものを a_m として次式で与える．
$$a_m = \frac{h_m}{21.1\,\dot{\bar{y}}_m{}^3 - 13.81\,\dot{\bar{y}}_m{}^2 + 5.75\,\dot{\bar{y}}_m + 0.09 - \dot{\bar{x}}_m} \tag{6.11}$$

(7) 基円半径 a の値は，式 (6.11) で得た値か，それより大きい値を選ぶようにする．

なお，これまでの式でドットを付したものは，あらかじめ基円半径 a で割った値を示しているので，初めに a を仮定して計算し，式 (6.11) の a_m を参考にして手順 (7) で決定した a と同じになるまで繰返し計算を行う必要がある．

(8) 初期パス⓪の形状は，式 (6.13) から φ を求め
$$\dot{r}_0 = (\dot{x}_0{}^2 + \dot{y}_0{}^2)^{1/2} \tag{6.12}$$
$$\varphi = 0.97(\dot{r}^{0.5138} - \dot{r}_0{}^{0.5138}) + \tan^{-1}\left(\frac{\dot{y}_0}{\dot{x}_0}\right) \tag{6.13}$$

式 (6.5) から $\dot{x}, \dot{y}$ を計算して描ける．

(9) マンドレルの側面に沿った図 6.8 の①以降のパスを後期パスと呼ぶ．後期パスの i 番目のパス形状は，式 (6.16) から φ を求め
$$\dot{x}_i = \dot{x}_0' + \sum_1^i \dot{p}_i \tag{6.14}$$
$$\dot{r}_i = (\dot{x}_i{}^2 + \dot{\bar{y}}_m{}^2)^{1/2} \tag{6.15}$$
$$\varphi = 0.97(\dot{r}^{0.5138} - \dot{r}_i{}^{0.5138}) + \tan^{-1}\left(\frac{\dot{\bar{y}}_m}{\dot{x}_i}\right) \tag{6.16}$$

式 (6.5) から $\dot{x}, \dot{y}$ を計算して描ける．このとき，マンドレル側面のパスの立上がり角 θ_i は
$$\theta_i = 0.485\,\dot{r}_i{}^{0.5138} + \tan^{-1}\left(\frac{\dot{\bar{y}}_m}{\dot{x}_i}\right) \tag{6.17}$$

で与えられる．式 (6.14) の $\dot{x}_0'$ は図 6.8 の Q_0' の $\dot{x}$ 座標であり，$\dot{x}_0$ と少し異なる．

(10) 式 (6.14) のピッチ $\dot{p}_i$ は一定値でも，途中から増加させてもよい．$\dot{p}_i$ を任意に選べば，後期パスの形状をすべて描くことができる．$\dot{p}_i$ を小さくするとパス回数 N_P は増すが，製品の高さは低くなる．最小の製品高さ h_m を得るには，$\dot{p}_i$ はなるべく小さく一定値とする．

(11) 各パスの終了点 $(\dot{X}_0, \dot{Y}_0)$ は式 (6.18) とする．ドットを取ると実寸法になる．

$$\dot{Y}_0 = (0.55 \sim 0.6) \dot{D}_0 \left\{ 1 - \left[1 - \left(\frac{d}{D_0} \right)^2 \right] \left(\frac{\dot{X}_0}{\dot{h}} \right)^2 \right\}^{1/2} \tag{6.18}$$

以上の (1)～(11) の手順に従えば，数式的に誰でも容易にパス形状を描くことができて，図 6.4 はその一例である．(5) で θ_0，$\dot{y}_m$ に対して初期値を与え，(7) で a の値を選定し，(10) で p_i を仮定して描いている．これらの値はパス形状を形成する重要因子であるから，これらの大きさは成形性および製品形状，例えば円筒製品の高さに大きな影響を及ぼす．

〔2〕 θ_0 の初期値の選定

図 6.8 のローラーパス経路において，初期パスの立上がり角 θ_0 が小さいとブランクへのローラーの押込み量が大きくなってしわが発生しやすくなり，逆に θ_0 が大きいとローラーの押込み量が少なくなってしわは発生しないが，後続のローラーパスに負担がかかって，後期パスのピッチを大きくすると壁部が破断して，あるピッチの下ではそれより大きな θ_0 を採用できないという限界が存在する．ブランク 1 回転当りのローラー送り速度 v との関係を，$D_0 = 120$ mm, $t_0 = 1$ mm, $d = 60$ mm, $\rho_M = 5$ mm, $c = 0.7$ mm, $D_R = 74$ mm, $\rho_R = 4$ mm, $p_i = 5$ mm, $N = 160$ rpm, Al-O 材に対して**図 6.9**[19] に示す．図 6.9 の実験結果は

$$\theta_0^{3.8} < v < 1.76\, \theta_0^{4.7} \tag{6.19}$$

と表せ [20]，ローラー送り速度の上限はしわ，下限は破断の限界に対応する．また，ブランク 1 回転当りのローラー送り速度 v を大きくすると，高さ

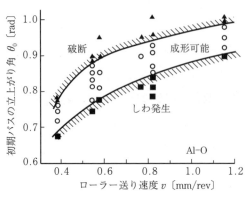

図 6.9 絞りスピニングにおける成形可能領域の例 [19]

$$R_s = \rho_R - \sqrt{\rho_R^2 - \frac{v^2}{4}}$$

(6.20)

のフィードマークが残って製品の表面精度が低下するので，この場合は初期パスの立上がり角 θ_0 としてつぎのような範囲が推奨されている [20]．

$$0.8 \leqq \theta_0 \leqq 0.9 \text{ [rad]}$$

$$(45° \leqq \theta_0 \leqq 50°) \quad (6.21)$$

式 (6.21) で θ_0 を決定し，式 (6.19) の範囲内で v を選択したとき，しわを発生するならば v を小さくし，破断を生じるならば v を大きくすればよい．

〔3〕 基円半径 a と基点 (x_m, y_m) の選定

インボリュート曲線の基円半径 a と基点座標 (x_m, y_m) を仮定すれば，初期パスの立上がり角 θ_0 が幾何学的に決まり，式 (6.21) の範囲内に設定すればよい．最小の製品高さ h_m を与える基円半径 a_m を求める式 (6.11) を用いて a_m を計算し，最初に仮定した a の値が a_m と同程度の値ないしはそれより少し大きな値になるまで仮定値を修正して，基円半径 a と基点座標 (x_m, y_m) を決定すればよい．その際，$\dot{y}_m$ は式 (6.17) からわかるように後期パスの立上がり角 θ_i の変化にかかわり，θ_i の変化は製品の

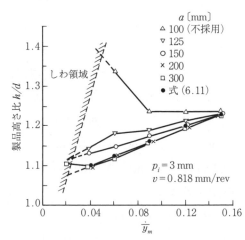

図 6.10 $\dot{y}_m$ と製品高さ比の関係 [20]

高さhに大きな影響を及ぼす．$\dot{\bar{y}}_m$を変化させたときの製品高さ比h/d [20]を示すと図6.10のようになり，$\dot{\bar{y}}_m$を小さくするとh/dは小さくなる．しかし，$\dot{\bar{y}}_m$が小さすぎるとしわを生じる可能性があり，つぎのような下限がある[20]．

$$\dot{\bar{y}}_m = \frac{y_m + t_0}{a} \geqq 0.04 \tag{6.22}$$

〔4〕 後期パスのピッチp_iの選定

マンドレル側面に沿った後期パスのピッチp_iの値は，ローラーが加工中にシェルに押込まれる際の押込み量を規定し，p_iが大きくなると加工中に破断を生じるので，上限の限界値が存在する．また，ピッチを一定にしないで増加シーケンスをとりながら破断を生じないように加工すれば，ローラーパス回数を最小にするような最適パススケジュール[19]が存在する．

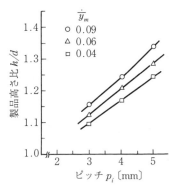

図6.11 ピッチと製品高さ比の関係[20]

一方，加工限界内でピッチp_iを大きくとると，図6.11に示すように製品高さ比h/dは増大し，パス回数N_Pは減少する[20]．

〔5〕 ローラー送り速度vの製品高さへの影響

ローラー送り速度vの選定については，加工限界内で使用すること，またしわや破断が生じた場合の原則については前述した．これらの成形可能範囲のローラー送り速度vを採用したとき，vが小さいと同じ場所をローラーが何回も通過するために壁厚を薄くするので，製品高さは増大する傾向にある．図6.12は製品高さ比と$\sqrt{v}$の関係を示し，ローラー送り速度vを大きくすれば製品の

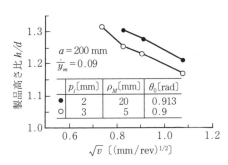

図6.12 ローラー送り速度と製品高さ比の関係[22]

高さは低くなる[22]．

〔6〕 **製品の高さ h の最小化**

一般に絞りスピニングは多サイクル加工であるから，ローラーのパスを繰返すことになり，製品の高さ h は式（6.1）で計算される最小製品高さ h_m より必ず高くなる．また，製品の壁厚が設定したクリアランス c より薄くなるので，これらを見込んだ設定が必要となる．製品高さ h を最小化するには，以下のような原則[20]を採用すればよい．

（1） y_m はしわが発生しない範囲でなるべく小さな値を選ぶ．

（2） a は a_m と等しくするか，あるいは若干大きな値を選ぶ．

（3） p_i はしわが発生しない範囲でなるべく小さな値を選ぶ．

（4） v はしわが発生しない範囲で，同時に表面粗さの許される範囲内でなるべく大きな値を選ぶ．

さらに，後期パスのピッチ p_i が一定の場合に，流動加工条件の値から製品高さ h を求める実験式の一般形[20]も得られているから，加工条件のパラメーターを順次変更することによって所望の製品高さが得られる．

〔7〕 **往復絞りの採用**

図 6.8 でブランクの外縁まで移動したローラーを再び加工開始位置に戻す際に，若干の加工を行う方法を往復絞りと呼んでいる．**図 6.13**[20]で（Ⅰ）は往路絞り，（Ⅱ）と（Ⅲ）は往復絞りで係数 $\zeta = \overline{13'}/\overline{13}$ を変化させると，ζ が大きくなるに従って往路で壁部を伸長しないので破断に対する抵抗が増し，大きなピッチを採用することができて往路絞り（$\zeta=0$）より成形性が向上する．復路の加工によるこれらの効果が現れて，**図 6.14** のように ζ が大きくなるにつれて製品高さが低くなる[20]．なお，図 6.14 の横軸に含まれる η は，図 6.8 のマンドレル側面におけるパスの立上がり角 θ_i をマンドレル側面に沿って積分した量である．

しかし，往復絞りでは製品底部に向かって材料が移動するために，製品壁部に膨らみが生じて波状を呈し，表面精度を悪くする．この膨らみは各パスごとに側壁をトレースしながら加工してもあまり改善されない．また，製品直径も

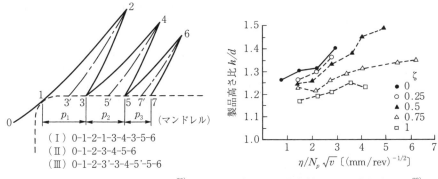

図 6.13　往復絞りのパス経路[20]　　　図 6.14　往復絞りによる製品高さ比[20]

広がりやすく，製品の精度も落ちる．

このように，往復絞りは加工時間の短縮や成形性の条件の改善，さらに製品高さの低いものを得るには効果があるが，製品壁部の表面粗さや寸法精度が低下するという欠点がある．

6.2.4　円筒形以外の絞りスピニング

〔1〕 円すい体の絞りスピニング

円筒形状が絞りスピニングの成形法を確立するうえで基本となることを述べたが，ここで述べた原則が円すい体の成形にも応用できることを示す．頂角 2α の円すい体シェルは，図 6.1（b）のしごきスピニングによって加工することが多いが，製品の壁厚を確保する必要がある場合には図（a）のような絞りスピニングで加工する．**図 6.15**[22] で円すい体の最小直径 d に対する円筒を考え，この仮想的な円筒に対して 6.2.2 項，6.2.3 項で述べたパスプログラミングを適用すればよい．例えば，図 6.15 に示すように，ピッチ p_i は最小直径 d の仮想的な円筒の側面におけるピッチの値として考

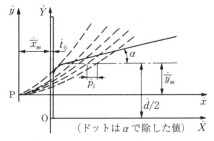

図 6.15　円すい体の絞りスピニング[22]

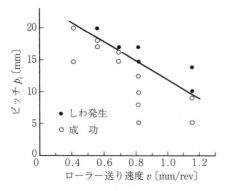

図 6.16 円すい体絞りにおける限界ピッチと
ローラー送り速度の関係[24]

えればよい.**図 6.16** は成形可能なピッチ p_i とローラー送り速度 v の関係[24]を $\alpha = 20°$ の円すい体に対して示したもので,ほとんどがしわによって成形限界が決まる.したがって,ローラー送り速度 v が大きいほどピッチ p_i は小さく選ばなければならない.

$d = 55$ mm,$\rho_M = 4$ mm,$\alpha = 15°$ の円すい体に対して,$p_i = 13$ mm とした場合の成形可能範囲[24]を**図 6.17**に示す.横軸にローラー送り速度 v,縦軸に初期パスの立上がり角 θ_0 を選んで示しているが,$p_i = 13$ mm のしわ発生が成形限界を決め,壁部は破断することがほとんどない.しかし,これより p_i を大きくすれば,θ_0 が大きいときに破断を生じて,円筒状製品に対する図 6.9 のようになる.円筒状製品の θ_0 の初期値 $\theta_0 = 0.9$ を採用することも可能である.

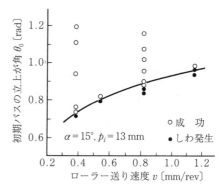

図 6.17 円すい体の絞りスピニングの
成形可能範囲の例[24]

一方,図 6.17 でローラー送り速度 v を大きくしていくと,図 6.16 のようにそれ以上のピッチでは加工できない限界ピッチ p_{cr} が存在し,円すい半角 α と限界ピッチ p_{cr} の関係[24]を**図 6.18**に示す.$\alpha = 0°$ は円筒の基本形に相当するから $p_{cr} = 5$ mm がその上限となり,破断によって限界が決められている.α をしだいに大きくすると,初めは円筒と同じように破断を生じるが,$\alpha = 12°$ 近傍からほとんどブランク外縁部のしわ発生が成形限界を支配するようになる.

〔2〕複合シェルの絞りスピニング

図 6.18 において，$\alpha = 0°$ は円筒状製品の絞りスピニングに対応し，円筒形状の絞りスピニングが最も難しいことを示している．したがって，円筒形状以外の製品の加工を行うためには，円筒形状に対するパススケジュールを基準（出発点）にすればよい．円筒形状以外の製品では，しわや破断に対する成形限界が円筒形状の場合より難しくないので，各形状に固有の工夫を施しさえすれば，6.2.2 項と 6.2.3 項のパスプログラミング手法がそのまま適用できる．この手法を用いて選定された円筒-球の複合シェルのパススケジュールの例[24]を図 6.19 に示す．

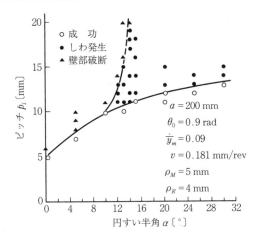

図 6.18 円すい半角と限界ピッチの関係（空間絞り）[24]

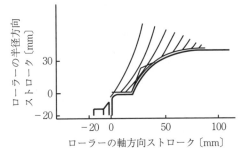

図 6.19 円筒-球の複合シェルのパススケジュール[24]

6.3 しごきスピニング

しごきスピニングは，円すい形や種々の曲面形状をもつ軸対称製品の加工に用いられる．図 6.1（b）においてブランクの初期板厚を t_0，円すい半角を α とすると，製品壁厚 t は式（6.23）の正弦則で一意的に与えられる．

$$t = t_0 \sin \alpha \tag{6.23}$$

円すい半角 α が13°～80°の製品は1パスで加工でき[25], 図6.2(b)に示すように1パスのしごきスピニングが可能な製品は量産にも適しており, 表6.2, 表6.3に示すように寸法精度も高い. 直径6mの製品まで加工されており, 直径が1.8mを超えるものでは一般に立形の加工機械が使用されている[7]. 鋼材ではブランク厚さ t_0 が25mmまでは冷間で加工でき, 140mmまでは加熱によって成形可能である[7]といわれている.

ローラーの1パスで加工する場合は, 絞りスピニングのような複雑なパススケジュールの検討が不要となるので, 加工条件の選定は比較的容易である. しかし, 壁厚を積極的に減少させる方法であるから加工力が大きくなり, 加工条件の選定には加工力の評価が重要な役割を果たすことになる. 例えば, 加工機械の容量を決めたり, 加工能力を判断するうえで重要となる.

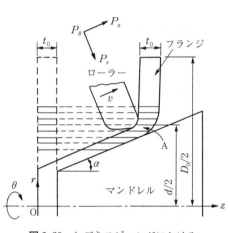

図6.20 しごきスピニングにおける単純せん断モデル[22]

図6.20はしごきスピニングの変形モデル[22]で, ローラーと接触する板に単純せん断が生じて変形が行われると考えたものである. しかし, 回転方向の変形に注目して板とローラーが接触する瞬間のフランジの変形を眺めてみると, 図6.21のようなモデル[22]を考えることができる. 1個のローラーで成形する場合, (A)のローラー位置で成形し終わったブランクa (実線) が1回転して再び左側のa′(破線) から侵入してきたとすると, 1回転する間にローラーは (B) の位置

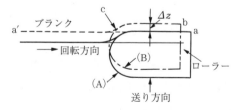

図6.21 回転方向から見た変形モデル[22]

(1点鎖線)に移動しているから(移動量 $\Delta z = v \cos \alpha$),ブランクはaからbに移行されて加工が行われる.cのような局所的な曲げ・曲げ戻し変形が行われて,Δzの食い違いをカバーする.すなわち,図6.20のような単純せん断の変形のほかに,回転方向に余剰な曲げ変形が存在することになる.

これらの複雑な変形機構を加味して加工力を評価することはきわめて困難であり,加工力を求める試み[26)~31)]があるが,閉じた形では与えられていない.以下には,上記の変形機構を比較的忠実に数式化して求めた加工3分力[31)]が,加工条件に対してどのような結果をもたらすかを示す.以下の各図中のσ_mは材料の変形抵抗であり,図6.20に加工力の方向を示すが,それぞれP_rはローラー押付け方向の押付け力,P_zはローラー送り方向の送り力およびP_θは円周方向の円周力である.

なお,変形機構を比較的忠実に数式化した加工3分力を求める方法では加工力を閉じた形の式では与えられないが,加工3分力を求めるための計算プログラム[32)]が公開されている.

6.3.1 固定加工条件の選定

固定加工条件では,ブランクの直径D_0,ブランクの板厚t_0および成形量を表すマンドレル側面の接線角αなどが加工力に及ぼす影響が要検討項目である.これらは加工機械の容量を示すのに普通使われているので,加工力の正しい評価が必要である.**図6.22**[22)]に示すように加工行程が進行するとしだいに加工3分力が大きくなるから,ブランク直径D_0が大きいほど大きい加工力を必要とする.

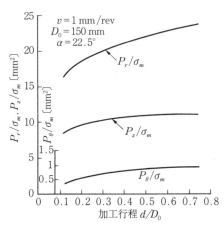

図6.22 加工行程による加工3分力の変化の例[22)]

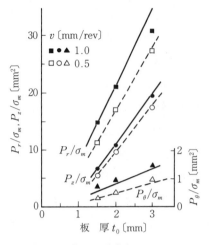

図 6.23 加工 3 分力とブランク板厚の関係[31]

図 6.1（b）のような円すい半角 α の円すい体シェルに対して，円すい半角を $\alpha=22.5°$，マンドレルの最小直径を $d_M=60$ mm，ローラー直径を $D_R=119$ mm，ローラー丸み半径を $\rho_R=12$ mm，ブランク直径を $D_0=150$ mm，ローラー送り速度を $v=0.5$ mm/rev および 1 mm/rev とするとき，加工 3 分力とブランク板厚 t_0 の関係[31]を**図 6.23** に示す．図中にはアルミニウム H/2 材に対するローラー押付け方向の押付け力 P_r（■，□），ローラー送り方向の送り力 P_z（●，○）および円周方向の円周力 P_θ（▲，△）の実験値がプロットされ，エネルギー法による理論値が実線と破線で描かれている（σ_m は平均変形抵抗）．ブランク板厚 t_0 に対する変化はほぼ直線的とみなせる．しかし，直線は原点を通らず，単純せん断による変形のみではないことを示している．

$d_M=60$ mm，$D_R=74$ mm，$\rho_R=4$ mm，$D_0=120$ mm，$t_0=2$ mm，$v=1$ mm/rev に対して，加工 3 分力と円すい半角 α の関係[31]を**図 6.24** に示す．壁厚減少率 R_0 は

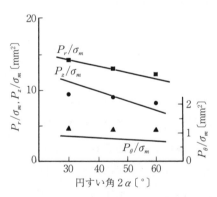

図 6.24 加工 3 分力と円すい角の関係[31]

$$R_0 = \frac{t_0 - t}{t_0} = 1 - \sin\alpha \tag{6.24}$$

で表せるので，α が小さくなると壁厚減少率 R_0 が大きくなり，加工力は増大する．したがって，機械の加工能力は α が小さいときの加工力で検討するのがよい．また，6.2 節で述べた絞りスピニングの加工力は，パス形状の接線角 θ を α として求めたしごきスピニングの加工力より小さいと思われるので，本節で取り扱うデータを上限として考えておけば十分と思われる．

前述のように，円すい半角 α が 13°〜80°の製品は 1 パスでの加工が可能である[25]といわれているが，一般には円すい半角 α が 17.5°以下の製品は中間のプリフォームを作製して 2 パスで加工されている[7]．中間プリフォームも図 6.25 のように円すい半角 β の円すい状の形状を選ぶことが多い．中間プリフォームを円板状ブランクからしごきスピニングで加

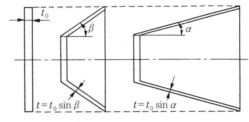

図 6.25　2 回のしごきスピニング

工する場合には，最終製品の壁厚は式（6.23）の正弦則で与えられるので，α が小さければ著しく薄くなる．壁厚減少の少ない製品を得たい場合には，第 1 パスを絞りスピニングで加工すれば，$t = t_0 \sin \alpha / \sin \beta$ という壁厚の製品が得られる[11]．

円すい体のしごきスピニングにおいてはマンドレルの円すい半角 α は一定であるが，円すい体以外の軸対称製品の成形に用いるマンドレルにおいては，その円すい半角はマンドレルの接線がマンドレル中心軸となす角 α で定義され，一定ではなく連続的に変化する．この場合の製品壁厚も式（6.23）の正弦則で与えられるから，製品の各部の厚さが円すい半角 α の変化に伴って連続的に変化することになる．したがって，なるべく均一な厚さが必要な場合には，ブランクないしはプリフォームの厚さを変化させるか，ブランクの縁を曲げておくなどの工夫を施す必要がある[7],[11],[33]．

移動するローラーとマンドレルの間のクリアランス c は，製品形状に応じて

式 (6.23) の正弦則による製品壁厚 t に等しくなるようにすればよい．式 (6.23) の製品壁厚 t に対して $c<t$ の場合には，加工中にフランジがローラーの進行方向の前方に倒れ，材料がローラーの進行方向に対して後方に押出されるようになり，マンドレルに対して浮上がりやだぶつきを生じることになるが，円すい半角 α が大きいほど後方への材料流れが著しくなる．一方，$c>t$ の場合には，加工中にフランジがローラーの進行方向の前方に絞り込まれるように倒れ，特に薄板の場合はしわ抑え力が不十分な深絞りの場合と同様に，フランジ部にしわを生じることがある．このように，しごきスピニングにおいてはクリアランス c を式 (6.23) の正弦則で決まる製品壁厚 t に一致させることが必須で，加工中にフランジを直立した状態に保つ必要がある．

6.3.2 流動加工条件（1）の選定

図 6.26 に示す 3 種類のローラー形状[7),21)]が，しごきスピニングで使用されている．図 (a) は標準ローラーで絞りスピニングと共通のものであり，曲線形状の製品の加工に用いられる．一方，図 (b) と図 (c) は円すい体の加工に用いられ，重加工においては $D_R=300\sim500$ mm，$W=50\sim75$ mm，$h=50\sim125$ mm のものが用いられている．

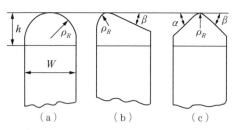

図 6.26 しごきスピニング用のローラー形状[7),21)]

ローラーの材質としては，一般に SK 120，SK 105，SKD 11，SUJ 2 および超硬合金が用いられているが，熱間加工用としては SKD 61 などが用いられている．

しごきスピニング用のスピニング加工機は 2 ローラー方式のものが多く，平板状ブランクの場合は 2 個のローラーを対称の位置に配置するが，プリフォームからの加工の場合には軸方向に 1.5〜3 mm 程度のオフセットを付けたスタッガーローラーを用いることもある[7),8)]．

$\alpha = 22.5°$, $d_M = 60$ mm, $\rho_R = 4$ mm, $v = 1$ mm/rev, $t_0 = 2$ mm, $D_0 = 150$ mm に対して，ローラー直径 D_R を変化させた場合の加工3分力[31]の変化を図 6.27 に示す．ローラー直径 D_R を大きくすると，回転方向の接触幅が増加するので押付け力 P_r と送り力 P_z もそれに伴って増大するが，円周力 P_θ は逆に減少する傾向がみられる．

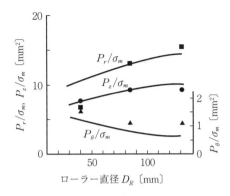

図 6.27　加工3分力とローラー直径の関係[31]

ローラー丸み半径 ρ_R は最終製品壁厚より小さくしないように選ぶ．$\alpha = 22.5°$，$d_M = 60$ mm，$D_R = 120$ mm，$v = 1$ mm/rev，$t_0 = 2$ mm，$D_0 = 150$ mm に対してローラー丸み半径 ρ_R を変化させた場合の加工3分力[31]の変化を図 6.28 に示す．ローラー丸み半径 ρ_R を変化させたとき，押付け力 P_r が著しく変化することに注意を要する．なお，ローラー丸み半径 ρ_R が大きすぎると加工中にフランジが進行方向の前方に倒れ，逆に，ローラー丸み半径

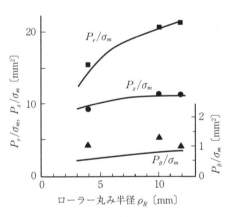

図 6.28　加工3分力とローラー丸み半径の関係[31]

ρ_R が小さすぎるとフランジが進行方向の後方に向かって倒れる傾向がある．

スピニングのような回転成形ではブランク1回転当り（あるいはローラーとの1接触当り）のローラー送り速度 v が主たる変形機構を支配するが，十分な冷却を施すということを前提に，生産性を高めるために主軸回転数（ブランク回転数）N を大きくすることが可能である．

図 6.29 には国内で実際に使用されている種々の材料に対するブランク回転

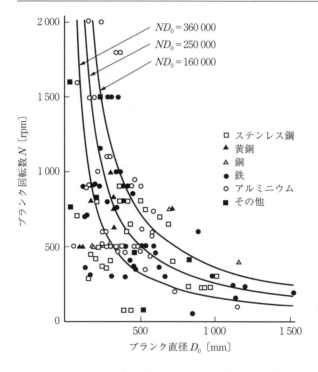

図 6.29 スピニングに使用されるブランク回転数とブランク直径の関係[6]

表 6.6 スピニングにおける材料とブランク周速[22]

材　料	ブランク周速 [m/min]
アルミニウム	200〜1 300
銅	150〜650
黄銅	200〜1 300
ステンレス鋼	600〜1 000
深絞り用鋼	200〜800

数 N とブランク直径 D_0 の関係[6]を示しており，前述の式 (6.4) はこの図 6.29 に基づいている．

一方，種々の材料に対するブランク周速[22]を**表 6.6** のように推奨するものもある．

6.3.3　流動加工条件 (2) の選定

1 パスのしごきスピニングにおける流動加工条件 (2) は，ローラー送り速度 v のみであり，スピニングのような回転成形においては，ブランク 1 回転当り (あるいはローラーとの 1 接触当り) のローラー送り速度 v の選定が重要である．$\alpha = 22.5°$, $d_M = 60$ mm, $D_R = 119$ mm, $\rho_R = 12$ mm, $t_0 = 2$ mm, $D_0 =$

150 mm に対して，ローラー送り速度 v が加工3分力に及ぼす影響[31]を**図6.30**に示す．ローラー送り速度 v が大きくなると押付け力 P_r が大きくなるので，注意を要する．

ローラー送り速度は，通常 $v=0.1\sim2$ mm/rev が用いられている．ローラー送り速度 v が大きくなると，製品はマンドレルにきつく密着するようになるが，

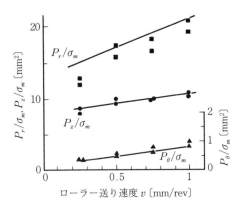

図6.30 加工3分力とローラー送り速度の関係[31]

式 (6.20) によるフィードマークが残るので表面が粗くなる．一方，ローラー送り速度 v が小さくなると，マンドレルに対してぴったりとは密着しないが，美しい表面が得られるので，そのためには $v=0.05\sim0.15$ mm/rev と小さくし，なめらかさを必要としなければ $v=0.7\sim1.4$ mm/rev を標準とすればよい[21]といわれている．

表6.7 スピニングにおける材料と送り速度[8]

材　　料 （焼鈍ブランク）	送り速度〔mm/rev〕	
	範囲	平均
アルミニウム合金（3003, 6061, 7075）	0.51〜1.02	0.76
軟鋼（最大 0.30％C）	0.38〜0.76	0.56
ステンレス鋼（321, 347, 410）	0.25〜0.51	0.38
高合金鋼（D 6 AC, A 286, マルエージング鋼）	0.13〜0.38	0.25

なお，各種材料に対するローラー送り速度[8]を**表6.7**のようにすすめるものもあるが，アルミニウム合金の場合は $v=1.52\sim2.29$ mm/rev で，プリフォームから曲線形状の製品が加工できる[8]．

6.3.4　しごきスピニングにおける加工性

薄肉材の円すい体のしごきスピニングにおいては，絞りスピニングの場合と同様に，加工中にフランジ部にしわを発生したり，壁部が破断したりすること

がある.$d_M=36$ mm,$\rho_M=3$ mm,$D_R=74$ mm,$\rho_R=4$ mm,$D_0=80$ mm,$t_0=1$ mm のアルミニウム材に対する加工限界[34]の一例を図 6.31 に示す.

しわや破断に対する加工限界は材料によって異なり,アルミニウム合金 2014-O 材において残留フランジ幅を w とするとき,$2w/d=2w/(D_0-2w)=0.2$ までしわや破断を生じることなく加工できる領域[35]を示すと図 6.32 のようになる.

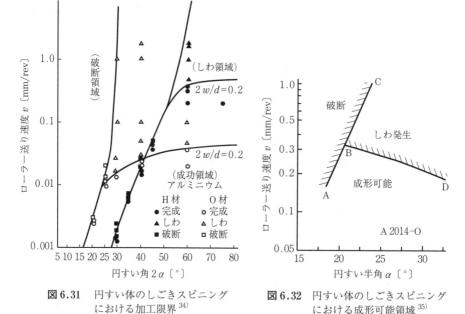

図 6.31　円すい体のしごきスピニングにおける加工限界[34]

図 6.32　円すい体のしごきスピニングにおける成形可能領域[35]

大きい円すい角ではローラー送り速度 v が大きいとしわが発生し,BD 線以下の小さい v を採用しないと製品が完成できない.ここでは,しわの発生が優先され破断現象は現れない.つまり,しわ発生が成否を支配する.円すい角が小さくなると壁厚が減少するので AC のように壁部が破断する.AB 間では破断が優先して,しわについて考える必要がない.ほかの材料についても,このような線図が描けて成功領域が区分される.

〔1〕 フランジのしわ

フランジ部におけるしわは薄肉材の場合に生じ，しわを発生するときのフランジの幅を w，フランジ幅比を $2w/d$ とするとき，しわ発生係数[35)]

$$C = \frac{v\cos\alpha}{t_0^2}\frac{d}{2w} = \frac{v\cos\alpha}{t_0^2}\frac{D_0-2w}{2w} \tag{6.25}$$

の値が大きいほどしわを発生しにくい．アルミニウム合金（5052-O，5052-H 24，5052-H，3003-O，3003-H 14，2014-O）について，加工硬化指数（n 値）としわ発生係数 C の関係[35)]が**図 6.33**に示されており，n 値が小さいほど C 値が大きくなり，しわを発生しにくい．したがって，一般にスピニングにおいてしわを発生させないためには，n 値が小さい材料が好ましいことになり，H 材か H/2 材がよいことになる．ただし，絞りスピニングでは，絞り過程で壁部破断が大きなウェイトを占めるので，しわの点のみから材料を選定するわけにはいかないので，別にしわ対策[21)]を考えて，多くの場合に O 材を使っている．

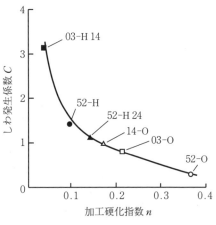

図 6.33 材料の加工硬化指数としわ発生係数[35)]

ある C 値をもった材料で厚板を加工するときは，式（6.25）の右辺の w（フランジ幅）が小さくなるから，ほとんどしわを発生せずに加工が終了する．すなわち，厚板ではしわの発生は問題にならず，むしろ図 6.23 に示したように加工力が問題になる．

〔2〕 壁部の破断

しごきスピニングにおける壁部の破断は，円すい半角 α が小さくなることによって壁部が薄くなることと，そこに働く加工力，特に送り力 P_z に起因する壁応力の作用状態によってもたらされる[11)]．破断形式には**図 6.34**に示すよ

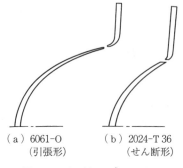

図 6.34 しごきスピニングの破断形式 [22), 36)]

うに（a）引張形と（b）せん断形 [22), 36)] があって，（a）引張形の成形しやすい一般材料の場合が最も一般的で，壁応力がある有効幅をもって働くと割れが伝播して破断にいたる．一方，（b）せん断形は，鋳鉄や 2024 アルミニウム合金の時効処理したものなど成形性の悪い材料のときに現れる割れ様式である．両者に対してローラー送り速度 v が深くかかわり合っている．

各種材料の円すい体のしごきスピニングにおける成形の難易度については，成形される円すい体の円すい半角 α の値に応じて表 6.1 [9)] に示されているが，前述のとおり，表 6.1 の値は経験値であり十分な工学的裏付けのあるものではない．各種アルミニウム合金の円すい体のしごきスピニングにおける破断時の限界ローラー送り速度 v_f と材料の引張試験における絞り（断面減少率）q_0 の関係 [35)] を示すと**図 6.35** のようになり，円すい半角 α に対して傾きの異なった直線となる．引張試験における絞り q_0 の値が小さくなると限界ローラー送り速度 v_f は非常に小さくなり，諸直線の外挿点が $q_0' = 0.45$ で，$q_0 < q_0'$ の材料はどんなローラー送り速度でも破断しやすく，円すい体のしごきスピニングに適さないことになる．

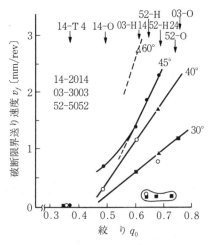

図 6.35 破断限界ローラー送り速度と絞りの関係 [35)]

破断を生じる円すい半角 α_f に対して，破断時の壁厚減少率 R_f は

$$R_f = 1 - \sin \alpha_f \tag{6.26}$$

と表せるので，ローラー送り速度 v 〔mm/rev〕に対して図 6.35 から式（6.27）のような実験公式[35)]が導ける．

$$R_f = 0.825 - 0.021 \frac{v}{q_0 - q_0'} \tag{6.27}$$

この式（6.27）で $v=0$ を代入すると，どんなローラー送り速度でも破断する限界円すい半角 α_f は $R_f = 0.825$ から 10°となる．また，$q_0 = 0.7$ の材料で $2\alpha = 30°$ の円すい体を作ろうとするとき，$R_f = 0.741$ となるので，式（6.27）から $v=1$ mm/rev となり，これ以下のローラー送り速度を採用しないと成形できないことになる．このように，ローラー送り速度 v は加工限界に重要な影響を及ぼしている．このほかに，各種材料に対する円すい体および半球体のしごきスピニングにおける 1 パス当りの最大壁厚減少率[33)]が**表 6.8** のように調べられている．

しごきスピニングにおける成形性は 1 パス当りの最大壁厚減少率で評価でき，**図 6.36** のような半楕円体のしごきスピニング[36),37)]を行うと，マンドレルの母線の接線角，すなわち円すい半角 α が 90°から 0°まで連続的に減少するので，式（6.26）で定義される限界壁厚減少率 R_f がローラーのストロークとともに連続的に増加する．したがって，半楕円体のしごきスピニングはしごきスピニングにおける成形性試験[36),37)]にもなり，破断時のマンドレル母線の接線角 α_f から式（6.26）を用いてただちに破断時の壁厚減少率 R_f が評価できる．

アルミニウム，銅，炭素鋼およびステンレス鋼などに対して行った実験結果[36),37)]をまとめて**図 6.37** に示す[22)]．これらの実験結果は引張試験における絞り q_0 に対して式（6.28）[36)]のように整理され，図 6.37 中に破線で描かれている．

$$R_f = \frac{q_0}{0.17 + q_0} \tag{6.28}$$

図 6.37 中には，円すい体のしごきスピニングに対する実験式（6.27）も実線で描かれており，$v = 0.1 \sim 0.5$ mm/rev のようにローラー送り速度 v が小さい場合に半楕円体の加工限界に近付いている．しかし，半楕円体の場合は成形

表6.8 1パスしごきスピニングおよび回転しごき加工における最大壁厚減少率[33]（＊は加熱）

材　料	しごきスピニング		回転しごき加工
	円すい	半球	
（アルミニウム系）			
2014	50	40	70
2024	50	–	70
5256	50	35	75
5086	65	50	60
6061	75	50	75
7075	65	50	75
（鋼　系）			
4130	75	50	75
6434	70	50	75
4340	65	50	75
D 6 AC	70	50	75
H 11	50	35	60
18% Ni 鋼	65	50	75
（ステンレス系）			
321	75	50	75
347	75	50	75
410	60	50	65
17-7 PH	65	45	65
（ニッケル系）			
René 41	40	35	60
A 286	70	55	70
Waspaloy	40	35	60
（チタン系）			
6-4 Ti	55＊	–	75＊
B 120 VCA Ti	30＊	–	30＊
6-6-4 Ti	50＊	–	70＊
純チタン	45＊	–	65＊
（その他）			
モリブデン	60＊	45＊	60＊
純ベリリウム	35＊	–	–
タングステン	45＊	–	–

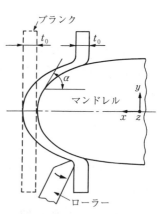

図6.36 半楕円体の成形[36),37)]

し終わった部分の壁厚が現在加工している部分よりつねに厚いので，円すい体のように一定の壁厚の場合と著しく異なり，半楕円体のしごきスピニングにおける破断時の壁厚減少率 R_f はローラー丸み半径 ρ_R，ローラーの取付け角，ローラー送り速度 v，ブランク回転数 N などの値には依存しない[37)]．

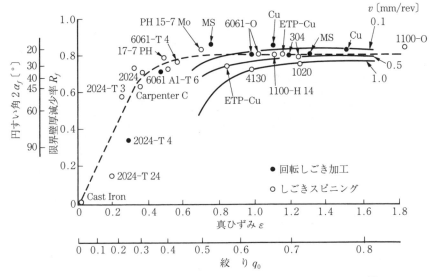

図6.37 スピニングにおける限界壁厚減少率 R_f と絞り q_0 の関係[22]

6.3.5 製品の強度

しごきスピニングは，アルミニウム，銅およびそれらの合金，炭素鋼，合金鋼，ステンレス鋼，耐熱合金，ニッケル合金，チタン，マグネシウムとそれらの合金，タングステン，モリブデンなど，いろいろな材料に広く適用されている[11]．最近は加工しにくい材料を使った付加価値の高い製品も増加している．加工に際しては，それぞれの材料に加工可能な性質を与えるように，いろいろな前処理を加えて工夫している．また，同時に製品の強度を要求される場合も増えてきているので，スピニングと熱処理の組合せが必要な検討事項となってくる．

表6.8には各種の合金類の適用例が多いが，これらの材料は機械構造部品の製造に適用されるので，熱処理を考慮した製品強度を問題にする．例えば，4130鋼（クロムモリブデン鋼 SCM 440）や4340鋼（ニッケルクロムモリブデン鋼 SNCM 439）などは780〜850℃で焼鈍して加工性をよくしてスピニングする．図6.38は4340鋼の加工後の壁厚減少率 R_0 に対する引張強さ（UTS），

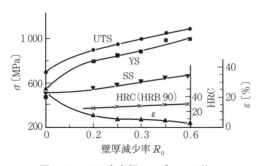

図 6.38 4340 合金鋼のスピニング後の機械的性質[22]

降伏応力(YS),せん断強さ(SS),硬さ(HRC)および伸び(ε)などの機械的性質[22]を示している.壁厚減少率 R_0 の増加とともに強度が増し,伸びが低下するのは一般の塑性加工と同じである.この種の鋼は加工後に焼入れ,焼戻しを行って強度を増大させるが,図 6.39 は加工後に熱処理を行った後の機械的性質[22]を示している.加工を行わない場合の機械的性質とほとんど変わらないことがわかる.

アルミニウム合金では製品強度を必要とする場合には,熱処理合金(2014,2024,2219,6061,7075 など)を採用する.図 6.40 は 7075 合金を溶体化処理後にしごきスピニングを行って,ただちに時効硬化させたもの[22]である.

通常の時効によってアルミニウム合金の製品の強化を図るプロセス[38]を表 6.9 に一例として示す.6061 材,2219 材から半球形状を作るのに焼鈍したブランクを使ってプリフォームをスピニング

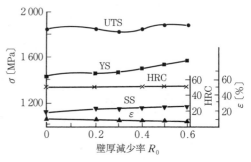

図 6.39 スピニング後に熱処理した 4340 鋼の機械的性質[22]

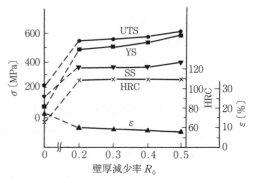

図 6.40 アルミニウム合金(7075)のスピニング後の機械的性質[22]

表6.9 時効硬化を考慮したスピニング[38]

	6061合金	2219合金
1	焼鈍材	焼鈍材
2	スピニングによる半製品加工	スピニングによる半製品加工
3	-	焼鈍半製品の半球体しごきスピニング
4	溶体化処理	溶体化処理
5	半球体しごきスピニング	半球体仕上げ加工
6	160℃で18時間時効処理	191℃で36時間時効処理

し,その後に溶体化処理してから半球形にしごきスピニングを行って,それぞれ表6.9にある温度で時効し強度を得ている.

しかし,1時間時効した6061-T42材を160℃でスピニングすると,機械的性質が著しく改善される[38]ことが判明したので,**表6.10**のように従来の表6.9のプロセスを改善する.このようにすると,中間熱処理や長時間の時効処理が不要となり,**表6.11**の強度の比較でわかるように,スピニングして熱処理したT62材と比べてきわめてよい結果が得られる[38].

こうして,製品強度の面から熱処理と組み合わせてスピニングの工程を考えると,工程の削減や工具費の節減,さらにエネルギーや労働コストの削減にも

表6.10 加工熱処理によるスピニング[38]

	6061合金	2219合金
1	溶体化処理のブランク	溶体化処理のブランク
2	160℃で1時間あらかじめ時効処理	163℃で1時間あらかじめ時効処理
3	160℃で半球体しごきスピニング	163℃で半球体しごきスピニング
4	-	191℃で1時間時効処理

表6.11 6061, 2219合金の半球体の強度比較[38]

材質	プロセス	壁厚減少率〔%〕	引張強さ〔MPa〕	降伏応力〔MPa〕	伸び〔%〕
6061	加工熱処理	0	318.9	257.6	13
		20	381.4	351.7	13
		40	384.3	352.8	14
		60	388.7	364.5	10
	通常のT62	-	310.0	275.0	12
2219	加工熱処理	0	432.1	305.6	17
		20	476.5	409.9	13
		40	466.7	401.9	15
		60	443.4	390.7	10
	通常のT62	-	415.0	290.0	10

つなげることができる．なお，同様な加工熱処理による材質改善は，チタン合金 Ti-6 Al-4 V の半球体スピニング[39]においても試みられている．

6.4 回転しごき加工

6.4.1 加工原理と変形機構

図 6.1（c）のように，マンドレル上に取り付けたカップ状のブランクないしは管状体を回転させ，その壁部をローラーとマンドレルの間でしごくことによって軸方向に延伸する加工法を回転しごき加工[1),2)]と呼ぶ．管状体のしごきスピニングに相当し，チューブスピニングまたはフローフォーミング[3),4)]と呼ぶこともある．回転しごき加工は，ローラーの移動方向と材料の延伸方向の組合せによって2種類の方法に大別される．すなわち，図 6.41（a）の前方回転しごき加工ではローラーの軸方向の移動方向と材料の延伸方向が一致しているが，図（b）の後方回転しごき加工ではローラーの移動方向と材料の延伸方向が逆になっている．

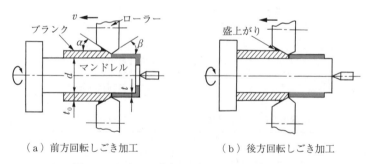

（a）前方回転しごき加工　　　　（b）後方回転しごき加工

図 6.41　回転しごき加工（チューブスピニング）

前方回転しごき加工ではテールストック側でクランプ可能なプリフォーム形状が必要となり，ローラーが最終製品の長さと同じ距離を移動しなければならないので，後方回転しごき加工に比べて生産速度は遅いが，製品の長さの精度はよい．これに対して，後方回転しごき加工ではローラーの移動距離より長い製品を加工できるが，加工された先端部がマンドレル上を軸方向に移動するこ

とになるので,長さの精度が低下する.また,後方回転しごき加工の場合は圧縮応力状態で加工することになるので,比較的延性の低い材料でも加工できるという特徴がある.

しごきスピニングでは材料がせん断形の変形をするのに対して,回転しごき加工ではローラーで半径方向に圧縮した材料を押出しのように軸方向に延伸する必要があるので,より大きな加工力を要し,剛性のある加工機械が必要となり,力の釣合いを保ちながら加工をするために一般に2個以上のローラーが使用される.

絞りスピニングに比べると加工条件の選定は比較的容易であるが,製品の精度や強度に影響を及ぼす加工条件因子として以下のようなものがある.

(1) スピニングローラーの形状(外径 D_R,成形角 α,先端丸み半径 ρ_R など)
(2) ローラーの送り速度 v(または実質送り速度 v_n)
(3) 製品の壁厚 t,壁厚減少率 R_0(または R)
(4) 加工方式(前方および後方,多パス加工など)
(5) 潤滑剤および冷却剤
(6) ブランク材質(変形抵抗,延性,熱処理,金属組織など)

回転しごき加工に使用されるローラーの形状[21]を**図 6.42**に示すが,図中の β は逃げ角である.ローラーの軸方向送り速度を v とするとき,n_0 個のスタッガー(軸方向オフセット)の付いていないローラーを使用する場合には,ローラー1個当りの送り速度,すなわち

$$v_n = \frac{v}{n_0} \tag{6.29}$$

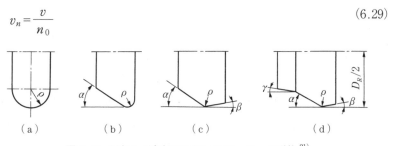

図 6.42 回転しごき加工に用いるローラーの形状[21]

が加工条件を実質的に支配する実質送り速度である．またブランクの壁厚を t_0，製品の壁厚を t とするとき，壁厚減少率 R_0 は式 (6.24) と同様に

$$R_0 = \frac{t_0 - t}{t_0} \tag{6.30}$$

で定義されるが，真ひずみ（対数ひずみ）で表した

$$R = \ln \frac{t_0}{t} \tag{6.31}$$

を用いることもある．このほかにマンドレルの直径 d やマンドレル（または主軸）の回転数も加工の成否を支配するが，マンドレルの直径は製品の内径 d に等しい．また，マンドレルの回転数（回転速度）はローラーの送り速度に相対的な効果を含めて考えることができるが，寸法が小さな製品に対する 120 m/min を最低値として一般に 180～360 m/min の周速が使用されており，冷却剤を供給できる範囲内でさらに速度を上げることができ，通常は材料には依存しない．加工条件の選定に依存して，**表 6.12**[21] に示すように種々の製品欠陥を生ずることがあるので，その選定は重要である．

ローラーの移動に伴ってローラー下に入る材料は，ローラーによって半径方向に圧縮を受けるが，円周方向への材料流れが少なければ軸方向に延伸されて回転しごき加工の目的が達成される．このときローラー前面の材料の一部はローラーの移動方向にも流されて，図 6.41 および **図 6.43** に示すようにローラーの前面に盛上がりが形成される．この盛上がりが形成されると実質的な変形量が増大し，加工力の増大や精度の悪化，さらには加工の成否にまで影響が及ぶことがある．

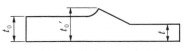

（a）成形角大，送り速度小

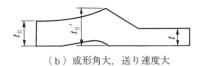

（b）成形角大，送り速度大

図 6.43 ローラー前面に形成される材料の盛上がり

図 6.43 においてローラーの前面に盛上がりを生じたときの見掛けの壁厚を

6.4 回転しごき加工

表 6.12 回転しごき加工における製品の欠陥[21]

区分	種類	形態	原因	備考
破断	(a) 軸方向破断		(1) 硬化度大 (2) 送り速度過大 (3) 壁厚減少率過大 (4) 丸み半径大	(1) 硬い材料に多い
	(b) 周方向破断		(1) 送り速度過大 (2) 壁厚減少率過大 (3) 迎え角大	(1) 盛上がり過大が原因．すべての材料にあり
	(c) 端部クラック		(1) 硬化度大 (2) 素管端部きず	(1) ステンレス鋼や合金鋼では遅れ破壊の原因になる
	(d) シェブロンクラック		(1) 丸み半径過小 (2) 壁厚減少率小	(1) 円管内面に発生 (2) アルミニウム，アルミニウム合金に多い
	(e) 内部亀裂		(1) 前パスの送り速度と加工時送り速度の量的関係不適切	(1) 壁肉断面内に発生 (2) スタッガー加工時に注意
しわ	(f) 端部しわ		(1) 薄肉の場合，送り速度過大 (2) 板材からの絞り率過大	(1) ほとんどの薄肉円管に発生
	(g) 壁部しわ		(1) 前パスの密着度過大 (2) 送り速度過小 (3) 壁厚減少率過小	(1) 発生位置，大きさには各種形態があり
	(h) らせんしわ		(1) 丸み半径大 (2) 送り速度小	(1) 薄肉円管に発生
表面欠陥	(i) うろこ状剥離		(1) 壁厚減少率過大 (2) 送り速度過大 (3) 冷却不足	(1) 板材絞りでも発生 (2) Al, Cu, Fe によく発生
	(j) 波状剥離		(1) 材料純度が悪い (Al) (2) 異方性材料	(1) 円管内面に出る場合もあり (2) 板材絞りでも発生
	(k) 局部変形		(1) 不純物の介在 (2) 潤滑むら	
	(l) ロールマーク		(1) ローラーに材料が付着 (2) ローラー先端きず	(1) 規則正しい分布

t_0' として盛上がり率 ζ を

$$\zeta = \frac{t_0' - t_0}{t_0} \qquad (6.32)$$

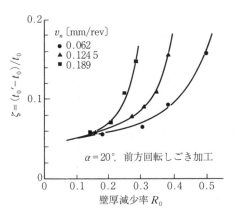

図 6.44 盛上がり率と壁厚減少率の関係[40]

と定義し，盛上がり率 ζ と壁厚減少率 R_0 の関係[40] を調べると**図 6.44** のようになる．またローラーの実質送り速度 $v_n = 0.1245$ mm/rev に対してローラーの軸方向移動量（ストローク）S と押付け力 P_r（加工力の半径方向成分）の関係[40]を調べると**図 6.45** のようになる．

例えば $R_0 = 0.385$ の場合には，$\zeta = 0.15$ 程度の盛上がりが形成されるが，一定量の盛上がりを保ちつつ安定した状態（定常状態）で加工できることを示している．これに対して $R_0 = 0.422$ 以上の場合には，ローラーの移動とともに押付け力 P_r も増加しており，それとともにローラー前面に形成される盛上がりが増大して安定した状態で加工できないこと，すなわち非定常状態であることを示している．

このような非定常状態では，加工力がローラーの移動とともに増大するだけではなく，図6.43（b）に示すように加工中に製品に環節が形成されてマンドレルから材料が浮き上がるなどの成形困難に陥ることもあり，いずれにせよ安定し

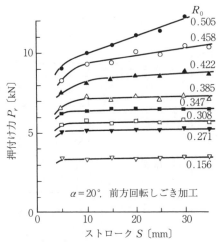

図 6.45 押付け力とストロークの関係[40]

た加工,安定した製品が期待できない.したがって安定した状態で加工し,安定した精度の製品を得るためには,図 6.45 においてローラーの移動に対して加工力が変化しない加工条件下で加工する必要がある.

市販の炭素鋼管に対して,安定した加工が行えるための最大壁厚減少率 R_{0cr}[40]を調べた結果を**図 6.46** に示す.図中の直線は 1 パスで加工できる限界を示しており,これ以上の壁厚減少率を得たい場合には 2 パス,あるいはそれ以上の多パス加工を行う必要がある.図 6.46 から実質ローラー送り速度 v_n,壁厚減少率 R_0 および成形角 α が大きいほど盛上がりが大きくなって非定常流れ

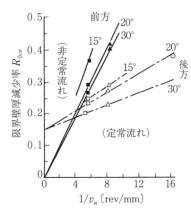

図 6.46 最大壁厚減少率と実質ローラー送り速度 v_n の関係[40]

となりやすいこと,また前方回転しごき加工のほうが後方回転しごき加工よりも定常流れの範囲が広く,加工条件の選定に有利であることなどがわかる.

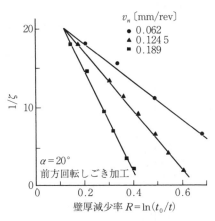

図 6.47 盛上がり率 ζ と壁厚減少率の関係[40]

安定した加工時にも一定量の盛上がりがローラーの前面に形成されることを説明したが,式 (6.32) で定義した盛上がり率 ζ は加工中の材料流れを示すパラメーターでもある.式 (6.31) で定義した壁厚減少率との関係[40]を調べると,**図 6.47** のように $1/\zeta$ と R の間に直線関係

$$\frac{1}{\zeta} = a - bR \qquad (6.33)$$

が見出せる.

図 6.47 は炭素鋼管に関する結果であるが,アルミニウム円管に対しても同様な直線関係が認められ[11]，加工条件のほかに材料による盛上がりの違いを論ずる場合にも，式 (6.33) における a および b は重要な係数となる．また壁厚減少率 $R=0.2$ の場合に，ローラーの成形角 α に対して盛上がり率 ζ [40] を調べると**図 6.48** のようになり，$\alpha=15°$ が最も盛上がりが小さく，v_n が小さいほど盛上がりが小さい．また $\alpha=15°$ の遅い送り速度の場合を除いて，後方回転しごき加工のほうが盛上がりが大きいことなどがわかる．

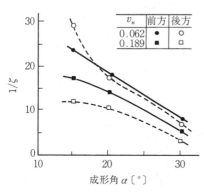

図 6.48 盛上がり率 ζ と成形角 α の関係[40]

6.4.2 加 工 力

回転しごき加工では大きな加工力を要するので，加工機械の設計のためには加工力の評価が重要となる．回転しごき加工における半径方向の押付け力 P_r，軸方向の送り力 P_z および円周方向の円周力 P_θ がスラブ法[41]，スラブ法とすべり線場の組合せ[42] などで解析されている．しかし，実際の回転しごき加工では，**図 6.49** に示すようにローラーの前面に材料の盛上がりが形成され，後

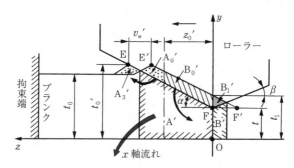

図 6.49 後方回転しごき加工の材料流れ[43]

方回転しごき加工の場合は,ローラーで圧下されて排除された体積が図のz軸方向(管軸方向)に流されるだけではなく,加工条件によってはx軸方向(円周方向)にも材料流れを生じる[43].

このようなローラー前面に形成される材料の盛上がりと三次元的な材料流れを考慮して,エネルギー法によって加工力を解析する方法[43]も提案されているが,閉じた形では与えられておらず,それらを統合した加工力の簡便式[32]が以下のように提案されている.

$$P_z = \frac{2}{\sqrt{3}} \sigma_m t_0 \sqrt{D_R v_n \tan \alpha}\, K \tag{6.34}$$

$$P_r = \frac{2}{\sqrt{3}} \sigma_m t_0 \sqrt{D_R v_n \cot \alpha}\, K \frac{t_0' - t}{t_0 - t}\left[1 + c\frac{v_n \tan \alpha}{2(t_0' - t_0)}\right] \tag{6.35}$$

$$P_\theta = \frac{2}{\sqrt{3}} \sigma_m t_0 v_n K \frac{t_0' - t}{t_0 - t} \tag{6.36}$$

Kは前方回転しごき加工(K_F)と後方回転しごき加工(K_B)で異なり,それぞれつぎのように与えられている.

$$K_F = 2.113\, R_0 - \left(1 - \cot \alpha - \tan \frac{\alpha}{2}\right)\left(R_0 - R\frac{t}{t_0}\right) \tag{6.37}$$

$$K_B = 2.113\, R_0 - \left(1 + \cot \alpha + \tan \frac{\alpha}{2}\right)(R_0 - R) \tag{6.38}$$

さらに,v_nは式(6.29)で定義したローラーの実質送り速度であるが,前方回転しごき加工の場合は式(6.39)のv_n'を補正値として用いる.

$$v_n' = v_n \frac{t}{t_0} = \frac{v}{n_0}\frac{t}{t_0} \tag{6.39}$$

σ_mは材料の変形抵抗であり,応力-ひずみ曲線が$\sigma = F\varepsilon^n$で表せる材料の場合はつぎの式で評価できる.

$$\sigma_m = \frac{F}{1+n}\left[\ln \frac{t_0(t_0+d)}{t(t+d)}\right]^n \tag{6.40}$$

市販の炭素鋼管に対する実験結果と，式 (6.34)～(6.36) による計算結果との比較[32]を図 6.50～図 6.52 に示す．押付け力 P_r の式 (6.35) における c は補正係数であるが，前方回転しごき加工における図 6.50 と図 6.52 では補正を施していない ($c=1$)．一方，後方回転しごき加工の場合は，図 6.51 に示すように c に補正を施す必要があり，より実験値に近い計算値を得るには，閉じた

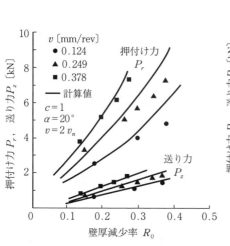

図 6.50 前方回転しごき加工における押付け力と送り力[32]

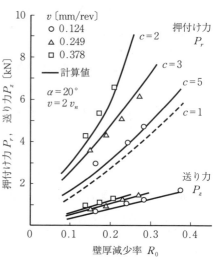

図 6.51 後方回転しごき加工における押付け力と送り力[32]

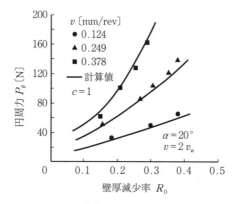

図 6.52 前方回転しごき加工における円周力[32]

形では得られないが三次元材料流れを考慮したエネルギー法[43]を適用する必要がある．

6.4.3 加工条件と加工性

製品の精度や強度に影響を及ぼす加工条件因子は6.4.1項で列挙したが，図6.42に示したローラー形状に対して実用的に用いられている形状因子[21]を**表6.13**に示す．

表6.13 回転しごき加工用ローラーの形状因子の実用値[21]

材料	α 〔°〕	β 〔°〕	γ 〔°〕	ρ_R/D_R
軟鋼	20～25	3～6	3～5	0.015～0.03
ステンレス鋼 焼鈍材 未焼鈍材	25～30 25前後			
合金鋼	25～30			
アルミニウムとその合金	12～15	3	3	0.04～0.09
黄銅	25～30	3	3	—

成形角αが大きくなると，図6.48に示したようにローラー前面に形成される盛上がりが大きくなって表面仕上げが悪くなるとともに，剝離を生じやすい．逆に成形角αを小さくしすぎると，ローラーの接触面積が大きくなって加工力が大きくなるとともに，材料が円周方向に流れて製品の内径が大きくなって精度が低下するので，成形角αの値には適切な範囲が存在し，表6.13のような値が推奨されている．ただし，スタッガーローラーで盛上りを抑えながら加工する場合には$\alpha=30°$程度が最適である[44]という報告もある．

ローラー先端丸み半径ρ_Rに関しては，大きすぎると円周流れによって製品内径が増加し，薄肉製品の場合にはしわを生じる可能性がある．逆に小さすぎると材料の剝離を生じたり製品の表面粗さが悪くなることなどから，表6.13中の数値が経験的に用いられている．またローラー前面に形成される盛上がりを抑え込むためにランド部に角度γの抑え角（図6.42(d)）を付けることもある．

ローラーの直径 D_R に関しては，小さすぎると円周方向の材料流れを生じやすいが，式 (6.34)，(6.35) から加工力は $\sqrt{D_R}$ に比例するからあまり大きくすることもできないので，一般にマンドレル直径 d に対して $D_R=(1.2\sim2)d$ 程度のものが用いられている．ローラーの実質送り速度 v_n も式 (6.34)～式 (6.36) から加工力の大きさに影響を及ぼし，表面粗さにも影響を及ぼすので，一般に $v_n=0.075\sim0.2$ mm/rev 程度の値が使用されている．

また図 6.46 から壁厚減少率 R_0 にも依存しているが，v_n が大きいほうが製品の直径精度がよくなる[43]こともあり，種々の要件を満たすような値を経験的に選択している．壁厚減少率 R_0 については，壁厚減少率 R_0 を小さくしすぎると材料表面の剝離を生じる．逆に図 6.46 ならびに後述のように1パス当たりの限界壁厚減少率 R_{0cr} が存在するので，製品の壁厚に応じてパススケジュールを選定する必要がある．

なお，スタッガーを付けて2個のローラーを使用する際に，一般に2個のローラーによる壁厚減少率 R_0 の約30%を先行ローラーで加工する[8),45]．さらに，3個のローラーにスタッガーを付ける場合には，先行ローラーはローラー前面に形成される盛上がりを小さく安定化させるために配置され，2番目のローラーが大部分の壁厚減少を担い，3番目のローラーは小さな壁厚減少で製品の仕上げないしはバニシングを行う[4]．

一方，軸方向に張力を付加しながら加工すると，加工力が低下するとともにローラー前面の材料盛上がりも減少し，製品の内径精度も向上することが明らかにされている[11]．ローラー前面に形成される盛上がりが少なくなるから，1パス当りの限界壁厚減少率 R_{0cr} が大きくなり，張力の付加による破断も加工限界になる．**図 6.53** に張力を付加した場合の加工限界[11]の一例を示すが，図 6.46 に

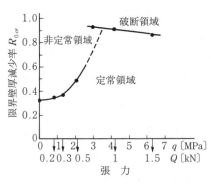

図 6.53 張力を付加した場合の限界壁厚減少率[11]

比較して限界壁厚減少率 R_{0cr} が著しく大きくなっている．したがって，軟らかい材料でローラー前面に盛上がりを形成しやすいものに適用することが効果的である．

回転しごき加工における材料の加工性は，1パス当りの最大壁厚減少率で評価され，その一例を図6.46で示したが，各種材料における回転しごき加工における最大壁厚減少率[33]が表6.8に示されている．ストロークとともに壁厚減少率 R_0 が増加し続けるパスで前方回転しごき加工を行えば，1回の実験で材料の最大壁厚減少率を測定することが可能であり，種々の材料に対する実験結果[44]がしごきスピニングにおける最大壁厚減少率とともに，図6.37[22]中にプロットされている．

図6.37から回転しごき加工の場合も破線で示された式（6.28）が適用でき，最大壁厚減少率を材料の引張試験における絞り q_0 と関連付けることが可能である．なお，回転しごき加工における最大壁厚減少率はローラー送り速度 v には依存するが，ローラー先端丸み半径 ρ_R，ローラーの成形角 α，ブランクの予加工（負荷履歴）などには依存しない[44]ことが明らかにされており，多パス加工の採用によって98%の壁厚減少率も達成可能[44]であることが確かめられている．

表6.8に見られるように各種材料の加工性はきわめて良好で，耐熱合金など通常は難加工材料と称される材料も比較的容易に加工できる．**表6.14**に1015鋼（JIS S15C相当）の壁厚減少率 R_0 に対する機械的性質の変化[46]を示す．回転しごき加工によって延性は低下するが，製品の引張強さおよび降伏応力は増加するので，製品強度は向上する．また回転しごき加工による製品精度例を

表6.14 回転しごき加工による機械的性質の変化（1015鋼）[46]

断面減少率〔%〕	引張強さ〔MPa〕	降伏応力〔MPa〕	伸 び〔%〕
0	386	229	34.5
17.8	541	476	13.5
34.5	572	525	12.5
61.5	598	542	11
65.5	603	554	11

表6.2,表6.3および表6.5に示すように,きわめて精度のよい製品が得られることがわかる.

このように,回転しごき加工では薄肉の管体が高精度で加工できるので,ロケットの燃焼室[47]やウランの遠心分離筒[48]の精密加工にも適用されている.またテレスコープ状の張力付加機構を利用した長尺のステンレス鋼製高精度薄肉円管（$t/d \leq 1/1\,000$）の加工[49]や,**図6.54**に示すような内径$d=0.3\,\text{mm}$,厚さ$t=8\,\mu\text{m}$のステンレス鋼製微細管状段付き部品[50),51)]のマイクロスピニングと称すべき加工も行われている.

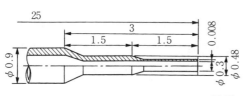

図6.54 マイクロスピニングによる製品例[50),51)]

一方,円管の内面の回転しごき加工[8),52)]も行われているが,内面の回転しごき加工の場合には,製品外径はダイスで拘束されるもののローラーも剛性はその構造上あまり大きくない.これに対して,多数のテーパーローラーを用いた内面しごき加工[53]やダイス内に保持した管状ブランクに対して多数のテーパーローラーによるプラネタリーコニカルローリング[54]が試みられており,後者ではダイス内面が転写されるので鏡面状の外表面が得られる.

6.5 その他のスピニング

6.5.1 鏡板の加工（フランジング）

各種産業用プラントや一般のタンク類には大小さまざまな円筒形圧力容器が用いられており,圧力容器の鏡板の加工にもスピニングが利用されている.プレス成形でも可能であるが,機械の能力から直径に制限が生じ,型製作費が高くなるので量産物を除けばスピニングのほうが適している（図6.2(c)参照）.圧力容器用鏡板はJIS B 8247に定められており,平鏡板,皿形鏡板,長径と短径の比が2:1の半楕円体形鏡板などがある.

鏡板は，**図 6.55** に示すようにクラウン，ナックル，フランジの部分から構成され，比較的寸法が小さいものでは横形のスピニング機械で総形型のマンドレ

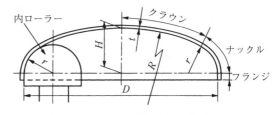

図 6.55 近似半楕円体形鏡板（$D/H = 4$）

ルを用いて加工し，これは通常の絞りスピニングに相当する．これに対して，寸法が大きいものでは図 6.56 に示すような立形の機械を使用し，クラウン部

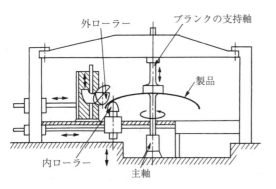

図 6.56 立形フランジングマシンの例

は冷間または熱間のプレス成形で皿付け（ディッシング）を施し，総形型のマンドレルの代わりに内ローラー（マンドレル）を用いてナックルおよびフランジ部の加工度の厳しい部分をスピニングで加工する．この場合，ナックルとフラン

ジ部の絞りを行うのでフランジングと呼び，これに用いるスピニング機械をフランジングマシンと呼ぶことがある．

立形のフランジングマシンには，図 6.56 のようにブランク中央を支持して回すブランク駆動方式[55),56)]とブランクを挟んだローラーを回転させて摩擦力を利用するローラー駆動方式[56)]とがある．また，このほかにディッシングローラーとリングダイスを付設して，円板状ブランクからディッシングおよびフランジングを連続して行える全自動フランジングマシン[13)]もある．

ブランクの強度，板厚および直径に応じて冷間あるいは熱間で加工する．冷間加工では寸法精度や作業能率が向上し，加熱による組織学的な問題を生じないなどの利点があるが，炭素鋼や合金鋼では大きな加工度が得られない．したがって，板厚が厚い場合には熱間で加工することになり，全体加熱を施すには

表 6.15 熱間フランジングの加工温度 [47]

加工材質	加工温度 〔℃〕
軟鋼（400 MPa，500 MPa 級） 600 MPa 級非調質鋼，低合金鋼	700〜850
低温用鋼（アルミキルド鋼）	700〜820
SUS 405，403，フェライト系 ステンレス鋼とそのクラッド鋼	700〜830
オーステナイト系ステンレス鋼 およびそのクラッド鋼	800〜850
ニッケルおよびその合金 ならびにクラッド鋼	770〜850
銅およびその合金 ならびにそのクラッド鋼	770〜850
アルミニウムおよびその合金	300〜380
チタン	550〜600

大型加熱炉が必要となるので，局部加熱のみで加工することもある．各種の材料に対して，**表 6.15** に示すような加工温度 [47] が推奨されている．

フランジングを行うと，**図 6.57** [57] に示すようにナックルおよびフランジ部は厳しい変形を受け，局部加熱によって加工した場合には冷却に伴う収縮によって**図 6.58** に示すような残留応力 [55] を生じる．この種の残留応力は応力腐食割れの原因となることもある．さらに材質変化も伴うので，製品が圧力容器の規準を満たすようにフランジング直後および圧力容器の溶接組立後に種々の熱処理が施されており，圧力容器鋼（ASTM 規格）に対して，**表 6.16** に示す温度を採用すれば良好な鏡板特性が得られる [57] ことが報告されている．特に A 516 Gr. 70 鋼（JIS SGV 480 相当）の場合は熱間加工時の温度管理を十分に行

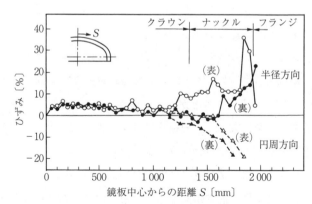

図 6.57　鏡板のひずみ測定例（A 537 Cl. 1 鋼，JIS SLA 325 A 相当）[57]

6.5 その他のスピニング

えば,加工後に焼ならし処理も不要である[57),58)]ともいわれている.

また($\alpha+\gamma$)2相域でのフランジングも試みられており,A 387 Gr. 12 鋼(JIS SCMV 2 相当)の場合は図 6.59(a)に見られるように SR 処理(応力除去焼鈍)のみで焼ならし処理は不要であるが,

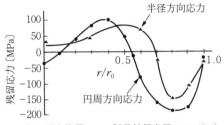

図 6.58 熱間フランジング後の残留応力分布[55)]

表 6.16 圧力容器用鋼の最適加工温度と焼ならし温度[57)]

鋼　種	熱間加工温度 〔℃〕	焼ならし温度 〔℃〕	保持時間 〔h〕
A 516 Gr. 70	840〜890	850〜890	
A 537 Cl. 1	850〜900	880〜900	≧2
A 203 Gr. D	800〜850	880〜900	

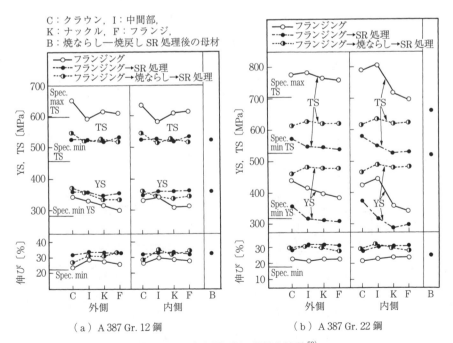

(a) A 387 Gr. 12 鋼　　　(b) A 387 Gr. 22 鋼

図 6.59 圧力容器用鋼の機械的性質[59)]

A 387 Gr. 22 鋼（JIS SCMV 4 相当）の場合は図 6.59（b）のように強度不足のために焼ならし処理も施さなければならない[59]ことなどが明らかにされている．一方，冷間フランジングを行う場合でも機械的性質を均一にするために熱処理を施し，9% Ni 鋼製小型 LNG 用鏡板の場合には，2 回焼ならし後焼戻し材および焼入れ焼戻し材を冷間加工した後に SR 処理を施すほうが，製品形状も良好で安定した機械的性質が得られる[60]ことが報告されている．

6.5.2 管端閉じ加工（クロージング）

高圧ボンベ，アキュムレーター，消火器，鋼管構造建築用管継手など各種の管端部を閉じる加工にもスピニングが利用されており，クロージングあるいはドーミングなどとも呼ばれている．

図 6.60（a）は特殊な形状をしたローラーを図の矢印の方向に回転させて 1 パスで成形する方法であり，マンドレルを使用する．管端は簡単に閉じられ，この部分の肉厚を厚くする場合には，図に示す Δh の大きさや加工される管端部の長さ l を長くすればよい．この方法では管の直径や管端の形状に応じてローラーの形状を変えなければならないため，図（b）のように円弧の丸みをもったローラーを用いて加工するほうがよい．この図（b）の方式では破線のように管端から徐々に円弧状にローラーを往復移動させながら最終形状に近づけていくので，ローラーの軌跡を決めるパススケジュールによって管端の肉厚を制御できる[32]．

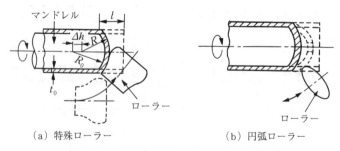

図 6.60 管端閉じ加工（クロージング）

6.5 その他のスピニング

図 6.61 は高圧ボンベの両管端の断面の例であり，ローラーの形状とそのパスの選定によって図 (b) のような口絞り加工（管端ネッキング）も可能である[32]．図 6.60 (b) の円弧ローラーを使用する方法ではマンドレルを使用しないので，直径や肉厚あるいは製品形状が変わっても特別なジグを必要としない．さらにパス回数が多いのにもかかわらずきわめて生産性がよいので，広く利用されている．

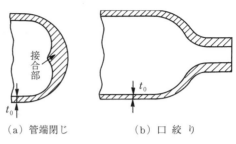

(a) 管端閉じ　　　　(b) 口 絞 り

図 6.61 高圧ボンベの両管端の形状

一般に熱間で加工され，加工時間が長い場合にはバーナーなどを用いて加工温度を一定に保つようにされているが，材料によっては冷間加工も行われている．例えば硬式用の金属バットの先端部は熱間で管端閉じされるが，軟式用の金属バットは冷間で加工されている[21]．

ローラーの代りに図 6.62 に示すように，摩擦工具を管の回転軸のまわりに移動させることによって管端部を閉じることもある．ただし，この場合には工具は加熱のほかに摩擦熱の影響も受けるので，耐摩耗性があり同時に管材に凝着しないようなものを選ぶ必要がある．

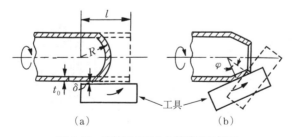

図 6.62 摩擦工具による管端閉じ加工

6.5.3 ネッキング

図6.63のように底付き容器や管状体の端部あるいは中間部を絞ってその部分の直径を小さくする（絞る）加工法をネッキングと呼ぶが，図（a）のような端部のネッキングは口絞りと呼ぶことが多く，やかんの口絞りはよく知られている．

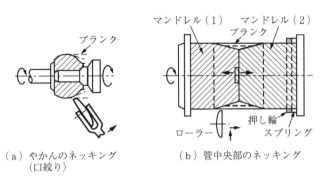

（a）やかんのネッキング　　　（b）管中央部のネッキング
　　（口絞り）

図6.63　ネッキング

マンドレルを使用する場合は分割型を使用する必要があり，図6.64のようにセグメント型や回転する偏心型を用いることもある．ボトルやフラスコなどのように小さなくびれ直径をもつボトルネックの場合は，マンドレルなしで加工する．この場合は必然的に多サイクル加工となり，ローラーの押込み量が大きすぎると壁厚が局部的に薄くなって破断したり，未加工部に座屈を生じたりするので，1パス当りのピッチ量などパススケジュールの選定が重要になる．

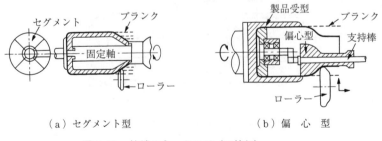

（a）セグメント型　　　　　（b）偏　心　型

図6.64　管端のネッキング（口絞り）

図 6.65 に示すようなマンドレル（ブランク取付け軸）の回転に対して同期回転する多ローラーヘッドを利用した1パスネッキング[61]も試みられている．

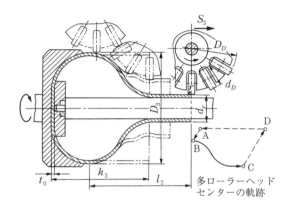

図 6.65　回転多ローラーヘッドによる1パスネッキング[61]

6.5.4　バルジングとフレアリング

スピニングやプレス成形によって絞られた製品，あるいは溶接や爆発成形で得られた比較的直径の大きな管状体や円すい体などの製品の一部に内部からローラーを当てて押し広げていく加工法を，バルジングと呼ぶ．

一般には図 6.66[21]のように製品受型と内ローラーを用いることが多いが，図 6.67 のベルマウス[21]の場合のように外ローラー（支持ローラー）を用いる

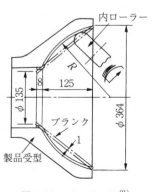

図 6.66　バルジング[21]

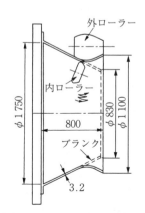

図 6.67　ベルマウスのバルジング[21]

こともあり，いずれも多サイクル加工の例である．また**図 6.68**[11]のよう管端の一部の直径を大きくする加工はエキスパンディングと呼ぶこともあるが，バルジングの範ちゅうに含めて考えることができる．

図 6.69のように多サイクルのローラー移動によって管端を広げてフランジを形成する加工もスピニングで行われており，フレアリングと呼んでいる．6.5.3項のネッキングでは圧縮変形が主たる変形であるのに対して，バルジングやフレアリングではおもに引張変形によって加工されることになる．

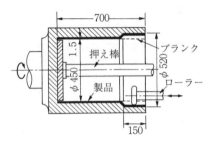
図 6.68 管端のバルジング
（エキスパンディング）[11]

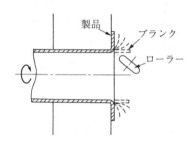
図 6.69 管端のフレアリング

6.5.5 縁 加 工

スピニングされた製品はそのままで使用することもあるが，付帯加工としてなんらかの縁加工を施すことも多い．縁加工はスピニングの工程が終了した時点で，スピニング機械に付設した付属装置によって行われるので，それに費やす加工時間は短く，トリミングローラーやトリミングバイトで縁部を切り落すトリミングも縁加工に含まれる．

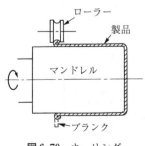
図 6.70 カーリング

薄肉の製品の縁を丸めて座屈や破断に対する強度をもたせるために，**図 6.70**に示すようなカーリング（縁巻き）を行うことがある．カーリングは補強のためだけではなく，製品の外観や使用上の便宜などのためにも行うことがあ

る．また一度カーリングで縁を巻いた後に平坦なローラーで押しつぶして平らにすることもあり，この作業をヘミングと呼ぶこともある．

　直角に曲げた製品の縁をローラーによって締結する口締め作業をシーミングと呼んでおり，図6.71に示すようなヘミング形式のシーミングと，図6.72に示すようなカーリング形式のシーミングとがあり，強い結合強度を要求される場合には後者のカーリング形式のシーミングが選ばれている．

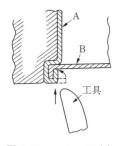

図6.71　ヘミング形式の
　　　　シーミング

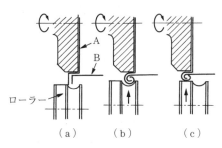

図6.72　カーリング形式のシーミング

　このほかに，製品の口辺部にビード状の溝を付けて薄肉製品の壁部を補強する方法をビーディング，リッジングあるいはひも出しと呼んで縁加工に含めている．6.5.4項のバルジングでは多サイクルでローラーを移動させて形状を付与しているが，ビーディングの場合には図6.73[11)]に示すように，2個の簡単な内外ローラーで口辺部を挟んでその一部を外側または内側に張り出させて所望の形状を与える．

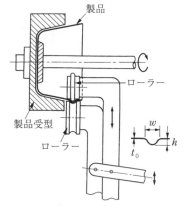

図6.73　ビーディング（リッジング）[11)]

6.5.6　数値制御スピニング

　少し以前の自動スピニング機械は，油圧倣い装置，電気油圧サーボ倣い装置などの導入によってローラーの運動を制御し，多サイクル加工では多段テンプ

レートや可動テンプレートを利用し，種々の付帯作業もシーケンシャル制御で行えるような装置であったが，現在，新規に導入する場合の自動スピニング機械は数値制御による自動スピニング機械である．主流となっている数値制御スピニング機械は，CNC方式とPNC方式に分類できる．

図 6.74 にわが国におけるスピニング加工機械の普及の推移[62]を示すが，その変遷推移はドイツを中心とする欧米諸国より数年の立ち遅れ[13]があり，また他の主要塑性加工変遷史に比較するとスピニング加工技術は15年程度の遅れ[62]があるといわれていた．その原因として，スピニング自体がきわめてフレキシビリティに富んだ加工法であることと，国内における加工設備開発の著しい遅れ[62]などが挙げられていた．例えば，1967年にドイツでNCスピニ

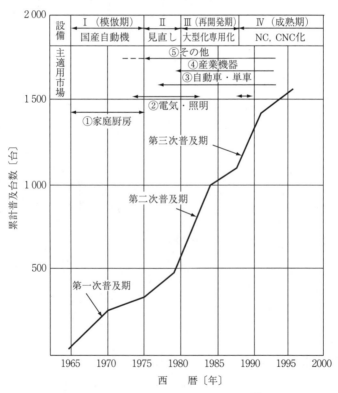

図 6.74 スピニング設備の普及推移[62]

グ加工機が開発され，1970年代に入るとNC方式からCNC方式に移行した．

1970年代に開発された図6.75に示す7軸制御のCNCスピニング加工機[63]では，マンドレルの代りに補助ツールポスト上に取り付けた内ローラーを使用する方式で，水平面内で各ツールポストのX, Z, U, W軸の制御が可能で，ツールポストの回転A, Bのほかに主軸の回転速度Cも連続的に制御できる．さらに各ツールポストには最大で6個までの工具が装着できるので，12個の工具を機能的に用いて1チャックで付帯加工も含めてすべての工程が実行できる．図6.75は内ローラーと1個の加工用ローラーを使用する構造であるが，厚物に対してはマンドレルと2個の加工用ローラーを用いるもの，また回転しごき加工では3個のローラーを用いるものなどがある．

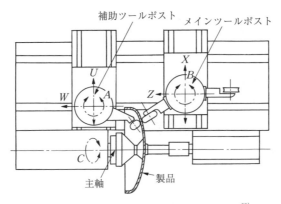

図6.75 7軸制御のCNCスピニング加工機[63]

さらに1979年に，手絞りの油圧駆動スピニング加工機を用いた熟練技術者のジョイスティック操作を電気信号に変換してフィードバックするアイディア[64]が公表された．電気信号をアナログ信号として磁気テープ（テープレコーダー）に記録して再生することから，ティーチイン・プレイバックスピニングと呼ばれるようになったが，半導体メモリ上にディジタル信号として記録し，編集が可能なプレイバックシステムとなり，1982年にはプレイバックスピニング加工機が商品化され，現在ではPNCスピニング加工機と呼ばれている．

なお，数値制御技術，コンピューター技術など，スピニング機械の周辺技術

の急速な発展に伴い，後述のような各種のフレキシブルなスピニングが可能となっている．

6.5.7 スピニングのインテリジェント化とフレキシブル化

スピニング機械の数値制御化のおもな目的は，①繰返し加工精度の向上，②段取り時間と加工時間の短縮，③多種少量生産への即応性，および④熟練技能からの脱却[22]などであり，PNC方式の出現，また近年のコンピューター技術の進展に伴う数値制御スピニング機械の低廉化によって，形式的にはこれらの①～④をクリアーできたことになる．しかし，これはハードウェアとしてのスピニング加工機械のインテリジェント化であって，スピニング加工技術そのもののインテリジェント化ではない．例えば，熟練技術者の視覚，聴覚，触覚を光学センサー，加工3分力センサー，振動センサー，AEセンサーなどに置き換えて，ハードウェアを用いてフィードバックすることによって適応制御すれば，熟練技術者の感覚とそれに対する加工時の対応をハードウェア上で実現することが可能となり，**図6.76**の数値制御スピニングの基本流れ図[65]における「適応制御部」についてはインテリジェント化できることになる．

一方，図6.76の「NCデータ作成部」のインテリジェント化については，

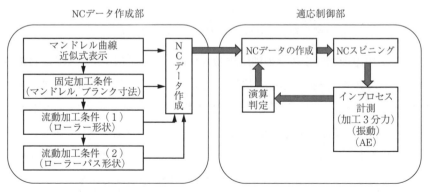

図6.76 数値制御スピニングにおける基本流れ図[65]

種々の試みが開始されたという段階である．例えば，6.2節で示した手法[19),20),24)]がその一つであり，少なくとも基本的形状の薄肉シェルを加工するためのプログラミング手法はほぼ完成しており，つぎのステップはこれらのパスプログラミングを CNC スピニング機械に組込むための自動プログラミング手法の開発と，アルミニウム以外の材料への適用（基礎データの蓄積）が必要となる．

スピニング加工技術のデータベースについては，過去の加工事例を効率よく分類するためのファクトデータベース[66),67)]，成形に付随するトラブル対策の知識データベース[68)]，ニューラルネットを用いた回転しごき加工のインプロセス欠陥診断[69)]，知識ベースに基づいた回転しごき加工の CAD システム[70)]の構築の試みはあるが，あくまでもトライアルの域を出ていない．

図 6.56，図 6.75 に示すようなマンドレルに代る内ローラー，あるいはフランジ部のしわ発生を防止するための支えローラーは以前から使用されているが，しごきスピニングのフレキシブル化を目指して対向する 2 個のローラーを用いるしごきスピニング[71),72)]，製品形状とは異なる汎用マンドレルを用いた空間しごきによる円すい体[73)]や半球体シェル[74)]のしごきスピニングが試みられている．これらはアルミニウム薄板を用いたものであるが，多種少量生産の大型製品への適用が期待される．また，図 6.65 に示した回転多ローラーヘッドを用いれば 1 パスで種々の形状のシェルの加工が可能となるが，しわや壁部破断を生じることなく 1 パスで絞り比 $D_0/d=3.3$ の円筒状シェルの絞りスピニングが可能[75)]で，フレキシビリティに富んだ加工法であることも確認されている．

このほかに，スピニングの熱間加工において大型製品の加工を行う場合には全体加熱ではなく部分加熱を行うことがあるが，ローラーとの接触域直前のブランクをレーザーで局所加熱するレーザーアシストスピニング[76),77)]や回転しないローラーとの接触摩擦熱を利用して加熱するフリクションスピニング[78)]などの新しい試みも行われている．

6.5.8 非軸対称製品のスピニング

図6.3に示したスピニングによる製品の形状例[15)]はいずれも軸対称製品であるが,スピニングにおけるフレキシブル化の一つとして非軸対称製品のスピニングがある.

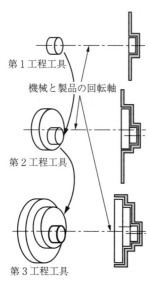

図6.77 偏心製品のスピニング[8)]

偏心した部分をもつ製品のスピニングも以前から実施されており,一例として,図6.77には2箇所の偏心部をもつ製品のスピニングの原理[8)]を示す.3種類のマンドレルを準備し,小径の偏心部に対応するマンドレルを用いた軸対称成形を順次組み合わせて行うことによって,偏心部をもつ製品のスピニングが可能となる.図6.77の場合には,各工程でブランクが回転しているが,近年,ブランクを固定し,ハウジング回転のロータリースエージングと同様にローラーの保持軸を回転させることによって,自動車用触媒ケースの偏心部分,ないしは傾斜部分のネッキング[16),79),80)]が行われて,実用に供されている.ただし,この偏心軸のネッキングと傾斜軸のネッキングではブランクが回転しないので,厳密にはスピニングや回転成形の範ちゅうには入らない.

図6.78[81)]に機械的な機構等を利用した非軸対称製品のスピニングの手法を模式的に示す.図(a)は,通常のスピニング旋盤にばねで支持された対向ローラーを非軸対称形状のマンドレルに押付ける方法[82)]で,非軸対称の凸形状,凹形状,トライポッド形状シェルの製品が加工されている.図(b)は,軸直角断面が楕円形状のマンドレルを中心軸のまわりに回転させ,主軸の回転に同期してカム,リンク等を利用してローラーの半径方向運動を制御する方法[83)]である.一方,図(c)は,ローラーの位置を固定し,主軸の回転に同期して楕円形状のマンドレルの中心軸が半径方向に移動(オフセット)する方

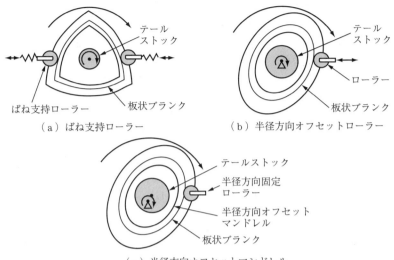

図 6.78　非軸対称製品のスピニング[81]

法[84]であり，オーバルチャック[85]と呼ばれて以前から行われていた．

図 6.78 に示したものはいずれも機械的な機構を利用して非軸対称製品を加工しようとする手法であり，これらを数値制御で行おうとする考え方も以前からあったが，周辺機器の追随性・応答性が遅く現実的ではなかった．しかし，近年の数値制御技術とそれを実現するための周辺機器の進展により，数値制御によって主軸回転に同期したローラー位置制御が可能となり，種々の制御方法を利用した各種の非軸対称製品のスピニング[86]〜[92]が現実的なものとなりつつある．

引用・参考文献

1) 葉山益次郎・室田忠雄：精密機械, **29**-5 (1963), 369-376.
2) 葉山益次郎・室田忠雄：塑性と加工, **4**-30 (1963), 445-452.
3) Pistol, F.J.：Sheet Metal Ind., **47**-2 (1970), 131-144.
4) Ray, G., Yilmaz, D., Fonte, M. & Keele, R.P.：Flow Forming, ASM Handbook, **14A**, Metalworking：Bulk Forming, (2005), 516-521, ASM International.

5) 西岡喜佐夫：非削加工, **2**-5 (1971), 2-10.
6) 日本塑性加工学会スピニング分科会：塑性と加工, **19**-206 (1978), 204-211.
7) Bewley, P.B. & Furrer, D.U.：Spinning, ASM Handbook, **14B**, Metalworking：Sheet Forming, (2006), 367-374, ASM International.
8) Wick, C., Benedict, J.T. & Veilleux, R.F.：Spinning, Tool and Manufacturing Engineers Handbook (4 th ed.), **2**, Forming, (1984), 9-1〜9-29, Society of Manufacturing Engineers.
9) Farley, G.F.：Metal Spinning, Tool Engineering Handbook (2 nd ed., A.S.T.E.), (1959), Sec. 59 (59-1〜59-12), McGraw-Hill.
10) 葉山益次郎：機械の研究, **25**-11 (1973), 1361-1367.
11) 葉山益次郎：回転塑性加工学, (1981), 354-530, 近代編集社.
12) 葉山益次郎：精密機械, **44**-4 (1978), 472-475.
13) 馬場惇：塑性と加工, **29**-324 (1988), 13-20.
14) 阿部信夫・斉藤正美・佐藤隆行：東芝レビュー, **29**-5 (1974), 433-437.
15) 葉山益次郎：塑性と加工, **21**-235 (1980), 690-695.
16) 高田佳昭：塑性と加工, **43**-502 (2002), 1030-1034.
17) 西山三郎：塑性と加工, **43**-502 (2002), 1046-1050.
18) 斉藤正樹：塑性と加工, **45**-522 (2004), 513-518.
19) 葉山益次郎・中村正彦・渡辺哲哉・浜野裕之：塑性と加工, **27**-308 (1986), 1053-1059.
20) 葉山益次郎：塑性と加工, **30**-345 (1989), 1403-1410.
21) 日本塑性加工学会編：スピニング加工技術, (1984), 35-145 および 163-190, 日刊工業新聞社.
22) 日本塑性加工学会編：回転加工, 塑性加工技術シリーズ 11, (1990), 142-199, コロナ社.
23) 葉山益次郎・工藤洋明・篠倉恒樹：日本機械学会誌, **73**-614 (1970), 363-370.
24) 葉山益次郎・工藤洋明・村田崇彦：塑性と加工, **33**-376 (1992), 510-518.
25) Packham, C.L.：Metall. Metal. Form., **43**-8 (1976), 250-252.
26) Avitzur, B. & Yang, C.T.：Trans. ASME, J. Eng. Ind., **82**-3 (1960), 231-245.
27) Kalpakcioglu, S.：Trans. ASME, J. Eng. Ind., **83**-2 (1961), 125-130.
28) Kobayashi, S., Hall, I.K. & Thomsen, E.G.：Trans. ASME, J. Eng. Ind., **83**-4 (1961), 485-495.
29) 葉山益次郎・室田忠雄：日本機械学会論文集 (第3部), **30**-220 (1964), 1458-1466.
30) 葉山益次郎・天野富男：塑性と加工, **16**-174 (1975), 559-565.
31) 葉山益次郎：塑性と加工, **16**-175 (1975), 627-635.

32) 葉山益次郎：新回転加工, (1992), 241-273, 416-420 および 437-456, 近代編集社.
33) Collins, L.W.：Machinery, **70**-2 (1963), 99-103.
34) 葉山益次郎・田子章男：塑性と加工, **9**-84, (1968), 37-45.
35) 葉山益次郎：日本機械学会論文集 (C 編), **45**-400 (1979), 1415-1425.
36) Kegg, R.L.：Trans. ASME, J. Eng. Ind., **83**-2 (1961), 119-124.
37) Kalpakcioglu, S.：Trans. ASME, J. Eng. Ind., **83**-4 (1961), 478-484.
38) Rennhack, E.H.：Aluminium, **58**-3 (1982), 166-169.
39) Rennhack, E.H. & Berger, W.D.：Titanium 1980, **1** (1981), 419-428.
40) 葉山益次郎・工藤洋明：日本機械学会論文集 (第 3 部), **44**-485 (1978), 3277-3285.
41) Kobayashi, S. & Thomsen E.G.：CIRP Annalen, **10**-2 (1961/1962), 114-123.
42) 葉山益次郎・工藤洋明：日本機械学会誌, **69**-568 (1966), 631-639.
43) 葉山益次郎・工藤洋明：日本機械学会論文集 (第 3 部), **44**-385 (1978), 3286-3295.
44) Kalpakcioglu, S.：Trans. ASME, J. Eng. Ind., **86**-1 (1964), 49-54.
45) Collins, L.W.：Machinery, **70**-3 (1963), 94-98.
46) Stewart, J.D.：Tube Spinning, Metals Handbook (9 th ed.), **14**, Forming and Forging, (1988), 675-679, ASM International.
47) 葉山益次郎：塑性と加工, **18**-192 (1977), 51-56.
48) 芦澤嘉躬：塑性と加工, **19**-215 (1978), 1010-1015.
49) Бузиков, Ю. М. и Пилякина, С. М.：Кузнеч.-Штамп. Произв., 5 (1978), 23-26.
50) 斉藤正美：塑性と加工, **33**-379 (1992), 923-929.
51) 斉藤正美：塑性と加工, **33**-379 (1992), 977-982.
52) Kalpakjian, S. & Rajagopal, S.：J. Appl. Metalwork., **2**-3 (1982), 211-223.
53) 森敏彦・李振華：塑性と加工, **35**-406 (1994), 1342-1347.
54) 森敏彦・斉藤雄二：日本機械学会論文集 (C 編), **61**-589 (1995), 3734-3741.
55) 伊集院勝：塑性と加工, **11**-114 (1970), 523-532.
56) 伊集院勝：塑性と加工, **14**-151 (1973), 663-668.
57) 別所清・古市潤二・島田捷彦・日納義郎・野島和正：住友金属, **31**-1 (1979), 50-70.
58) 木村一郎・織田一彦・日納義郎・古市潤二・野島和正：住友重機械技法, **26**-77 (1978), 59-64.
59) 石川正明・上田修三・楠原祐司・小林英司・猪又克郎・吉村健・浜田晋作：川崎製鉄技報, **12**-1 (1980), 128-144.
60) 佐伯迪昭・中川洋・松川靖・中村昌明：住友金属, **35**-1 (1983), 107-114.

61) Могильный, Н. И., Кочетов, И. В. и Григорьев, П. Ф. : Кузнеч. -Штамп. Произв., 5 (1985), 30-31.
62) 馬場惇：塑性と加工, 35-400 (1994), 515-521.
63) Brockhoff, H.F. : VDI Ber., 357 (1979), 125-130.
64) Younger, A. & Brown, C.C. : Proc. 20 th Int. MTDR Conf., (1979), 485-492.
65) 葉山益次郎：精密工学会誌, 58-6 (1992), 960-963.
66) 川井謙一・澤野清輝・伊藤浩之：塑性と加工, 30-345 (1989), 1411-1415.
67) Huang, J.J. Li, G.X. & Xia, E.H., edt. by Wang, Z.R. & He, X.Y. : Advanced Technology of Plasticity 1993, 3 (1993), 1423-1425, International Academic Publishers.
68) 川井謙一：Form Tech Review, 2-1 (1992) , 44-55.
69) Song, Z.R., Liu, J.H., Le, W.M., Li, G.X. & Xia, E.H., edt. by Wang, Z.R. & He, X.Y. : Advanced Technology of Plasticity 1993, 3 (1993), 1453-1456, International Academic Publishers.
70) Li, G.X., Xia, E.H. & Ruan, X.Y., edt. by Wang, Z.R. & He, X.Y. : Advanced Technology of Plasticity 1993, 3 (1993), 1439-1444.
71) 島進・小寺秀俊・村上浩隆：塑性と加工, 38-440 (1997), 814-818.
72) 島進・井上昭仁・小寺秀俊：塑性と加工, 42-489 (2001), 1014-1019.
73) Kawai, K., Yang, L.N. & Kudo, H. : J. Mater. Process. Technol., 113 (2001), 28-33.
74) Kawai, K., Yang, L.N. & Kudo, H. : J. Mater. Process. Technol., 192-193 (2007), 13-17.
75) Kawai, K., Kushida, H. & Kudo, H. edt. by Kiuchi, M., Nishimura, H. & Yanagimoto, J. : Advanced Technology of Plasticity 2002, 2 (2002), 1429-1434.
76) Klocke, F. & Demmer, A., edt. by Geiger, M. : Advanced Technology of Plasticity 1999, 2 (1999), 1031-1036, Springer-Verlag.
77) Klocke, F. & Brummer, C.M. : Procedia Engineering, 81 (2014), 2385--2390.
78) Lossen, B. & Homberg, W. : Procedia Engineering, 81 (2014), 2379-2384.
79) Xia, Q.X., Cheng., X.Q., Hu, Y. & Ruan, F. : Int. J. Mech. Sci., 48 (2006), 726-735.
80) 高田佳昭・高橋洋一：塑性と加工, 54-628 (2013), 403-407.
81) Music, O., Allwood, J.M. & Kawai, K. : J. Mater. Process. Technol., 210 (2010), 3-23.
82) Awiszus, B. & Meyer, F. : Advanced Technology of Plasticity 2005, (2005), 353-354, ISBN 88-87331-74-X.
83) Amano, T. & Tamura, K. : Proc. 3 rd Int. Conf. Rotary Metalworking Processes, (1984), 213-224.
84) Gao, X.C., Kang, D.C., Meng, X.F. & Wu, H.J. : J. Mater. Process. Technol., 94 (1999), 197-200.

85) 伊集院勝：塑性と加工，**14**-149 (1973)，487-491.
86) 荒井裕彦：日本ロボット学会誌，**24**-1 (2006)，140-145.
87) 荒井裕彦：日本ロボット学会誌，**26**-1 (2008)，49-56.
88) Shimizu, I.：J. Mater. Process. Technol., **210** (2010), 585-592.
89) 関口明生・荒井裕彦：日本機械学会論文集（C編），**76**-762 (2010)，431-437.
90) 関口明生・荒井裕彦：日本機械学会論文集（C編），**76**-767 (2010)，1863-1869.
91) Awiszus, B. & Härtel, S.：Prod. Eng. Res. Devel., **5**-6 (2011), 605-612.
92) 杉田栄彦・荒井裕彦：日本機械学会論文集（C編），**78**-767 (2012)，1004-1012.

7 その他の回転成形

7.1 回 転 鍛 造

7.1.1 加 工 方 法
〔1〕加 工 原 理

円錐形工具を円柱状(または円管状)のブランクに対して相対的に回転運動させながら,ブランクを軸方向に圧縮変形させて所望の形状に加工する方法を回転鍛造と呼んでいる.回転鍛造では図7.1に示すように工具軸をブランク軸に対して角度 α だけ傾けて配置し,工具の円錐面でブランクをその軸方向に圧下して逐次的に圧縮加工を行う.その場合,工具とブランクの接触面積は全面圧縮(通常の鍛造)の場合より小さくなり,回転鍛造での加工力は通常鍛造の場合より低くて済むことになる[1].

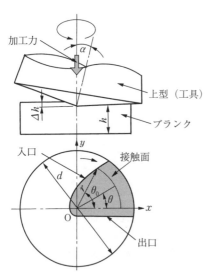

(ブランク初期高さ h_0, 初期直径 d_0)

図7.1 回転鍛造による円柱ブランクの圧縮加工

図7.1に示されている工具とブランクの接触面積はブランク直径 d, 工具またはブランク1回転当りの軸方向

押込み量 Δh, 上型回転軸の傾斜角 α などに依存するが，例えば上型回転軸の傾斜角 $\alpha = 2\sim7°$ とした場合の加工力は通常鍛造の場合の $1/5\sim1/15$ 程度になる[1),2)].

回転鍛造は，工具とブランクの相対的な回転運動を利用する逐次的加工法であり，これを実現するためには種々の方法が考えられるが，基本的には図7.2に示す2種類の方法に分類できる．図(a)は下型とブランクは回転せずに上型のみがブランクの垂直軸を中心に回転する方式（上型揺動回転方式）で，上型はブランク端面に対して揺動運動（rocking motion）する．そのため，この方式は揺動鍛造とも呼ばれる．この場合，上型はブランクの軸に対して α だけ傾いた軸のまわりで自転しながら垂直なブランク軸に対しても公転しなければならないから，装置の駆動系に工夫を必要とし，その一例を図7.3[3)]に示す．

Z. Marciniak は，それぞれ独立に回転できる2種類の偏心スリーブを使用する上型駆動機構（図7.4）を開発[4)]しており，広く実用に供されている．この

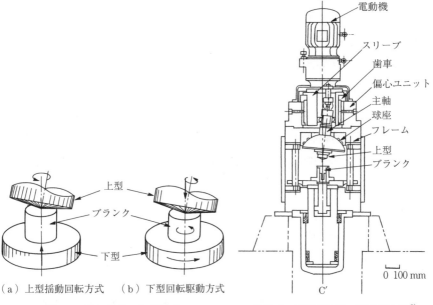

(a) 上型揺動回転方式 (b) 下型回転駆動方式

図7.2 回転鍛造の基本形式

図7.3 回転鍛造機の駆動部の例[3)]

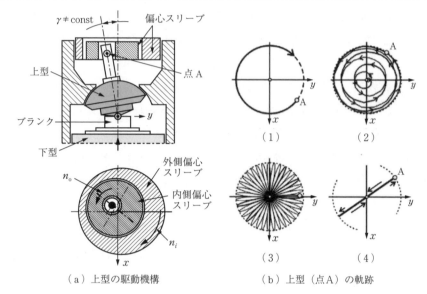

図7.4 Z. Marciniak によって開発された上型の駆動機構と軌跡モード[4]

機構では,二重偏心スリーブの回転方向と回転速度を変えることによって,図7.4(b)に示されるような4種類の軌跡が可能である.(1)は通常の円運動で円柱状ブランクの据込み,(2)はらせん運動でボス部の前方押出し,(3)は周期的な遊星運動で歯車状部品の成形,(4)は直線運動で非回転対称部品の加工などに適している.

一方,図7.2(b)は下型とブランクを回転させる方式(下型回転駆動方式)であり,上型の回転軸はブランク軸に対して角度 α 傾いているだけで,ブランク軸のまわりを公転することはないので装置の駆動系は比較的簡単である.また,下型回転駆動方式の回転鍛造において下型とともに上型も回転駆動する場合もある.

回転鍛造には,ほかの回転加工と同様に以下のような長所がある.

1) 局部変形の繰返しであるから,加工力が小さく装置の剛性や機械の強度が小さくて済む.
2) 比較的滑らかな回転接触であるから,通常の鍛造のような衝撃的な打撃

音や振動がほとんどない.
3) 加工力が小さいことに加えて転がり接触であるから,冷間加工の場合は型摩耗が少なく,型寿命も長い.
4) 材料流れに対する型面摩擦による拘束が比較的小さいから,冷間据込みにおける加工限界が向上でき,温間および熱間加工でも比較的良好な製品表面が得られる.

一方,短所としては以下のようなものがある.
5) 加工時間が長い.したがって,温間および熱間加工では型寿命の低下を生じる可能性がある.
6) 変形様式としては主としてブランク軸方向の圧縮変形であるから,製品形状が限定されてしまう.

これら1)〜6)の特徴を生かすことによって,回転鍛造は主として軸対称で平坦部が薄い製品の生産に利用されている.

〔2〕 **変 形 機 構**[1)〜7)]

回転鍛造を実際に利用する際に製品の精度,初期ブランクの形状などを検討するためには,回転鍛造の変形機構をある程度的確に把握しておく必要がある.しかし,図7.4に示した上型の軌跡を統一的に扱うことはできず,例えば図(b)-(1)円形運動と図(b)-(2)らせん運動では,かなり異なった材料流れを生じていることが容易に推定できよう.そこで,ここでは最も基本的である円形運動による円柱の軸方向据込みの場合について考えることにする.

まず,図7.1で示したように初期高さ h_0,初期直径 d_0 の円柱状ブランクを据え込む場合について,ブランク寸法,潤滑条件,工具またはブランクの相対回転数,圧下(押込み)速度,上型傾角などを種々に変化させた場合,回転据込み過程中の試料側面の変形パターンを観察すると**図7.5**[2)]のように分類できる.

図中の横軸の高さ減少率は $R_0 = (h_0 - h)/h_0$ である.図中の(1)を除いていずれも不均一な変形を生じている.例えば,図中の(3)は1回転当りの押込み量(押込み速度)Δh と初期高さの比 $\Delta h/h_0$ の値が小さく,同時に上型面

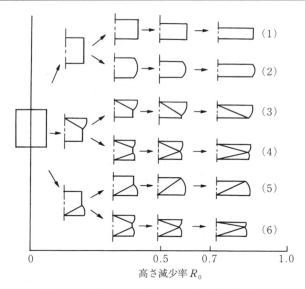

図7.5 円柱の回転据込みにおける試料側面の
変形パターン[2]

が十分に潤滑されている場合であるが,この場合には上型と接触している部分の材料は局部変形を生じてマッシュルーム形状を呈し,圧下量の増加とともに徐々に全体変形を生じるようになる.相対的にブランク初期高さ h_0 が大きいものほど不均一な局部変形を生じやすい[2].

図7.5(4)のような変形パターンの場合は,製品の側面中央部にまくれ込みによるきずが欠陥として残る可能性もある.また,薄肉円板状製品の回転鍛造においては製品の中心近傍がくぼんだ形状となって,いわゆる中央部薄肉化 (central thinning) 現象[7),8)]を生じて,場合によっては割れを生じることもある.したがって,製品設計やブランク形状の設定にあたっては,ここに示した回転鍛造に固有の材料流れの特徴を十分に把握しておく必要がある.

加工力や加工に必要なトルクを算定するためには,工具と試料の間の接触面積の評価も重要である.円柱状ブランクの回転据込みの場合は,ブランク軸に対して角度 α だけ傾いた軸のまわりの円すい面との幾何学的な接触条件から,図7.1の任意の半径 r および試料と上型の接触開始角 θ_0 の間の関係式が式

(7.1) のように導ける[2]．

$$r = (1 - \theta_0/2\pi) \Delta h I(\alpha, \theta_0)$$
$$I(\alpha, \theta_0) = \csc^2 \theta_0 [\cos \theta_0 \cot \alpha + (\cot^2 \alpha - \sin^2 \theta_0)^{1/2}]$$
(7.1)

式 (7.1) の接触域形状は純粋な幾何学的考察によって決まるものであるが，上型に測圧ピンを埋め込んで接触域形状を実測した結果[7]を示すと図 7.6 のようになって，式 (7.1) から計算される一点鎖線の理論曲線とは接触域の出口側であまり一致していない．

そこで，実験値を総合的に表現する式として

$$r = [f(\Delta h) - \theta_0/2\pi] \times \Delta h I(\alpha, \theta_0)$$

$$f(\Delta h) = \begin{cases} 1.\ 1 + 0.013 \Delta h^{-1.5} \\ \quad (\Delta h > 0.06\ \mathrm{mm \cdot rev^{-1}}) \\ 2.\ (\Delta h \leq 0.06\ \mathrm{mm \cdot rev^{-1}}) \end{cases}$$
(7.2)

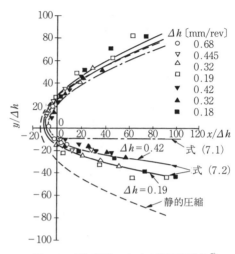

図 7.6 回転鍛造における接触域形状[7]

が提案されている[7]．ここで $f(\Delta h)$ は押込み速度 Δh に対する補正係数であり，例として $\Delta h = 0.19,\ 0.42$ mm・rev^{-1} に対するものを図中に実線で示しているが，実験値とよく一

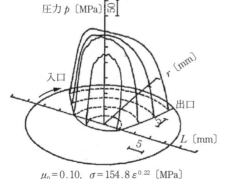

$\mu_0 = 0.10,\ \sigma = 154.8\varepsilon^{0.22}$ [MPa]

直径 d [mm]	高さ h [mm]	圧縮率 R [%]	圧下速度 v [mm/rev]	降伏せん断応力 k [MPa]
44.0	10.0	50	0.92	82.3

図 7.7 円柱の回転鍛造（据込み）における接触圧力の測定結果例[8]

致していることがわかる.

この実験式 (7.2) には現在までのところ理論的な裏付けがないが，現実の接触形状を近似的に表現できている.

加工力に関しては，前述の実験式 (7.2) で決まる接触領域に対して三次元スラブ法による解析[8]も行われており，実測値 (**図 7.7**) とよく一致する接触圧力分布が得られている．また，回転鍛造による円柱据込み加工の FEM シミュレーションにより，ブランクの不均一変形や加工力が調べられている[4),9)~11),20)]．

7.1.2 回転鍛造の応用

回転鍛造装置としては，図 7.2 に示されたような上型駆動方式および下型回転駆動方式のものが実用に供されている．**表 7.1** に実用回転鍛造装置の例[12),13)]を示す．表中の MJC Eng. Tech. の装置は，下型と上型の両方が回転駆動され，加工中に上型軸の傾斜角を一方向にのみ変えることができる（ただし，遥動運動はしない.）．

表 7.1 実用回転鍛造機の例[12),13)]

	MCOF-250	MCOF-400	MCOF-650	RFN 200 T-4
方　式	上型遥動，油圧			下型・上型回転駆動, CNC
最大加圧能力〔KN〕	2 500	4 000	6 600	
加工速度〔mm/s〕	3~30	3~25	3~25	Max. 25
型回転速度〔rpm〕	Max. 320	Max. 300	Max. 280	20~200
上型ストローク〔mm〕	Max .220	Max. 320	Max. 450	800
製品外径〔mm〕	Max. 160	Max. 210	Max. 240	300~600
メーカー	森鉄工株式会社[12)]			MJC Eng. Tech.[13)]

回転鍛造は，前述のように通常の鍛造法に比べて加工荷重が大幅に低くなり，また最大の据込み加工率を大きくとれるなどの特長をもつため，外径が大きく厚さが小さい（すなわち，外径/厚さの比が大きい）製品の成形に適している．下型に歯形のキャビティーを設ければベベルギヤなどの歯形製品が成形でき，また中心部に軸部をもつ薄くて大径のフランジ製品も据込みと前方軸押出しの複合加工で成形できる．低~中炭素鋼やアルミニウム合金の小型部品は

冷間で加工される．図7.8は回転鍛造で冷間成形された小〜中型部品の例[12]である．軸対称形の部品が大部分である．

図7.8 冷間回転鍛造で成形された小〜中型部品の例[12]

熱間での回転鍛造では上型とブランクとの接触面積が小さいので，型の回転速度を高くして加工所要時間を短くすれば，薄肉で大径の部品を成形できる．このことを利用して，図7.9に示す工程でジェットエンジン用ディスク体の熱間回転鍛造が試みられ，表面汚染が少なく高材料歩留りのニアネットシェイプ成形が可能であった[13]．近年，回転鍛造が自動車用アルミニウムホイール

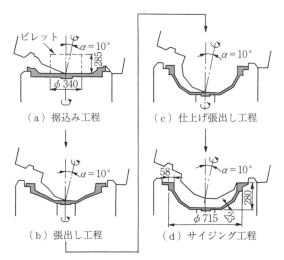

図7.9 ジェットエンジン部品の熱間回転鍛造[13]

の製造工程に適用され,スピニング(フローフォーミング)でリム部を薄肉に最終成形する場合のプレフォーム製造に利用されている[14)~16)].

図7.10はその成形過程の一例であるが,鋳造または押出しで作られた円柱状ブランクから,第1工程の熱間回転鍛造によって薄肉のカップ状プレフォームが成形されている.この場合の回転鍛造機としては,図7.2(b)の下型回転駆動方式で上型も同時に回転駆動する形式のものが使われている.

さらに**図7.11**に示すように,鋼製のトラック・バス用大型ホイール(外径

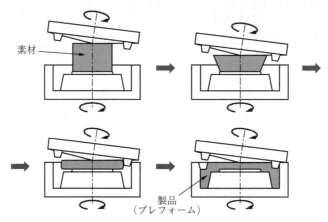

図7.10 回転鍛造による自動車用アルミホイールのプレフォームの成形例 [14)~16)]

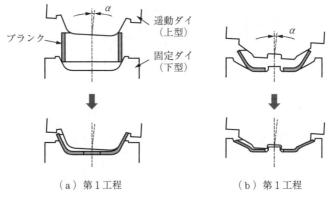

(a) 第1工程　　　　　　　　(b) 第1工程

図7.11 揺動鍛造によるトラック・バス用大型ホイールディスクの成形 [17),18)]

570 mm, リム幅 190 mm) ディスクのプレフォームを溶接管ブランク (板厚中心径 395 mm, 高さ 194 mm, 板厚 10.8 mm, 熱間圧延鋼板 SAPH 400 相当材) から第 2 工程の遥動鍛造によって成形する試みがなされている[17),18)]. この例では, 従来の円盤素材からスピニングで成形する工程に比べて, スクラップ量を大幅に低減できている. なお, この場合も遥動鍛造で成形されたプレフォームは, 後工程のスピニングにより最終形状に成形されている.

図7.12[14)]に示されるように, 回転鍛造はパイプ端のフランジ成形や閉口・拡口加工などにも利用できる. さらに, 特異な応用例として図7.13に示すよ

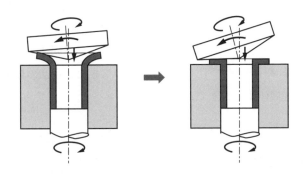

図 7.12 回転鍛造によるパイプ端のフランジ成形例
(上下型回転駆動, 上型傾斜角を連続的に変化)[14)]

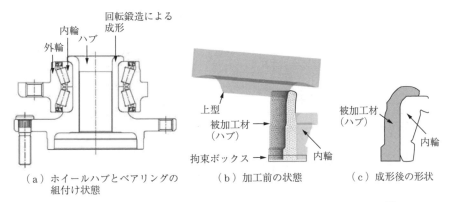

(a) ホイールハブとベアリングの組付け状態　　(b) 加工前の状態　　(c) 成形後の形状

図 7.13 回転鍛造による自動車用ホイールハブとベアリングの組付け[19)]

うに回転鍛造法を利用した，自動車用ホイールハブ，ベアリングの組付け[19]が試みられている．この加工はパイプ端部の拡口加工の一種であるが，これによりベアリング内輪の固定がナットなどを使わずに可能になり，ホイールハブ構造の小型化・簡素化，部品数の削減およびコスト低減などが図れる例である．

7.2 ロータリースエージングおよびラジアル鍛造

7.2.1 加工方法の概略

〔1〕加 工 原 理

ロータリースエージングは，図7.14に示すように，高速で短ストロークの往復運動をする2～4個のダイスによって，中実または中空の被加工材を半径方向に圧縮して鍛伸する方法である．

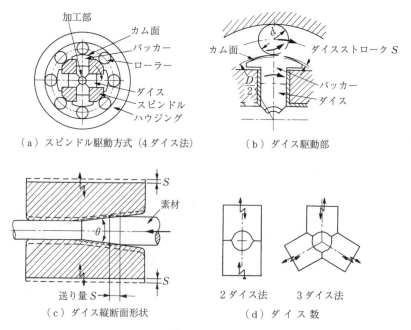

(a) スピンドル駆動方式（4ダイス法）　　(b) ダイス駆動部

(c) ダイス縦断面形状　　(d) ダイス数

図7.14　ロータリースエージング

被加工材方向へのダイスの前進運動は、スピンドルまたはハウジングを回転駆動して、バッカーの頂面に形成されたカム面がローラーと転がり接触することによって生じる。被加工材の軸方向送りはダイスによる加圧力が解除されている間に微少量ずつ与え、円形断面への鍛伸の湯合には、その間に被加工材の回転角をダイスの回転角よりわずかに小さくする。この操作によって、加工部でのバリの発生が防止されるとともに、被加工材への加圧方向が均一化され、加工品の真円度が向上する。なお、ダイス間における圧縮変形時の材料流れは、主として素材入口側に向かって生じる。

ラジアル鍛造では、その加工原理はロータリースエージングの場合と同様であるが、2個または4個のダイスは回転せず、ダイスの往復運動は油圧またはクランク機構などによって与えられる。

〔2〕 **加工の方式**

ダイスの数（加圧方向）としては、図7.14（a）および（d）に示すように4個、2個および3個が用いられ、2または4ダイスが一般的である。ロータリースエージングの方式としては、図（a）に示すスピンドル駆動方式が最も一般的であるが、その他に**図 7.15** に示すようないくつかの方式がある。

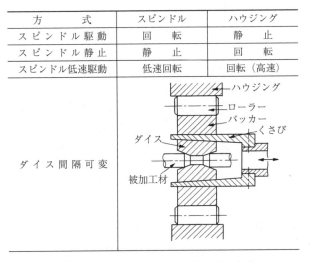

図 7.15 ロータリースエージングの方式

スピンドル駆動方式では，被加工材は外部から回転抵抗を与えられてスピンドル回転速度の約 75～80％の速度で従動回転し，成形品の断面形状は円形に限られる．スピンドル静止方式では，ハウジングを回転させ被加工材を回転させずに同一方向から圧下を加えて，円形以外の異形断面の成形が可能である．円形断面を成形する際には，被加工材を低速で回転させる必要がある．スピンドル低速回転方式では，ハウジングが高速回転してスピンドル回転が低速（20 rpm 程度）なので加工作業がやりやすく，大径素材の加工にも適している．ダイス間隔可変方式では，スピンドルは静止でくさびの出し入れによってダイス間隔を変化させることができ，素材の中間部分を細く絞る加工に適用される．ロータリースエージングマシンとしては，成形品外径が 0.2～100 mm（中実），0.2～160 mm（中空パイプ）のものが供給されている[21)～26)]．

ラジアル鍛造では図 7.16 に示されるような 4 ダイス式がおもに用いられ，ダイスの同期した往復運動は油圧機構などによって与えられる．ダイスは回転運動せず素材はその両端を専用のマニピュレータによって保持され，ダイスの往復運動 1 サイクルごとに微少角度ずつ回転駆動されるとともに軸方向に送られる．実用の鍛造機としては，成形品直径で 10～140 mm の範囲のものが開発されており，加工は冷間または熱間で行われる．ただ，冷間加工が可能な素材最大直径（加工前）は 35～120 mm の範囲である．

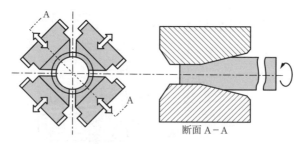

図 7.16 ラジアル鍛造

〔3〕 加工の条件

ロータリースエージングで，ダイスの毎分加圧回数 f はローラー数，ロー

ラー内接円直径，ローラー直径およびスピンドル回転速度によって決まるが，実用機では $f \approx 1\,300 \sim 5\,000$ 回/分である．ラジアル鍛造では $f \approx 200 \sim 1\,600$ 回/分である[27),28)]．

ロータリースエージングにおけるダイスの孔型のテーパー角 θ（図 7.14（c）参照）は，素材挿入装置を用いないときには，中実素材や厚肉パイプの冷間スエージングでは 8°以下，薄肉パイプの冷間スエージングや中実素材の熱間鍛伸では 15°以下が望ましい．素材挿入装置を用いる場合には θ は 30°以下とし，望ましくは 24°以下とする．また，ダイス孔型は図 7.17 に示すような断面形状とし，孔型の両端付近に Δd の逃げを設ける．

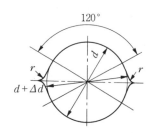

図 7.17 ダイス孔型の断面形状（2 ダイスの場合の例）

この逃げは被加工材の横方向変形を許容してダイスに作用する加工荷重を低減するとともに，ダイス合せ面へのバリや加工きずの発生を防止し，ダイスの損傷や摩耗を抑制するうえで重要である．通常は，Δd は加工径 d の 2〜15% とする．

素材の送り速度は，使用する加工機の能力や被加工材の材質（特に硬さ，延性など）およびダイスの孔型形状などによって変わるが，通常は約 25 mm/s 以下である．さらに高い送り速度は条件によっては可能であるが，送り速度が増すにつれてダイス合せ面へのバリの発生の危険性が増すとともに，加工仕上り面は悪化する．1 パスでの最大減面率も同様に被加工材材質，加工機の能力，ダイス孔型形状などに依存するが，通常は 10〜70% の範囲内である．

ロータリースエージングで中空素材（パイプ）を加工する場合，図 7.18（b），（c）に示すように，パイプ内にマンドレルを挿入することにより，内径の高精度仕上げや内面プロファイル成形ができる．

被加工材としては，低〜高炭素鋼，合金鋼および各種の非鉄合金が加工できる．冷間加工の場合は引張強さで約 0.6 GPa 以下のものが望ましく，引張強さが約 0.8 GPa を超える材料の冷間スエージングは実用的でない．引張強さ

が約 0.6 GPa を超える材料に対しては，熱間スエージングも考える必要がある．

7.2.2 応用例

ロータリースエージングは中実素材の鍛伸加工，中空素材の外径絞り加工，マンドレルを使用した中空部品の内面成形や肉厚減少加工，段付き軸や段付きパイプの成形，テーパー管やテーパー棒の成形，ワイヤロープやチューブへの金具のかしめ加工，バイメタル中空部品の製造，異形断面の成形などの広い範囲に適用できる．**図 7.19** および**図 7.20** は成形品形状の例である．

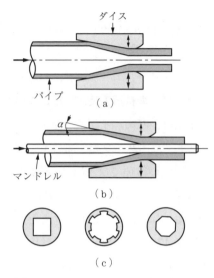

図 7.18 ロータリースエージングによる中空素材の加工

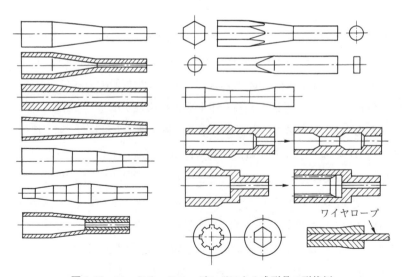

図 7.19 ロータリースエージングによる成形品の形状例

7.2 ロータリースエージングおよびラジアル鍛造

ロータリースエージングでは変形が半径方向圧縮応力下で行われ，軸方向の張力は通常は付加しないので加工時の静水圧応力成分は高く，さらに付加的なせん断ひずみも少ない．そのため，加工時の割れはほかの方法に比べて生じにくく，比較的延性に乏しい材料の鍛伸加工や延性のある

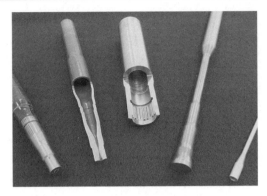

図 7.20　ロータリースエージングによる成形品例 [25]

パイプ内に充てんした粉末材料の鍛伸や高密度化などにも適している．難加工材の代表的な例として，モリブデンやタングステンなどの熱間鍛伸加工が実用されている．なお，低延性材料に対しては，2 ダイス法に比べて 4 ダイス法もしくは 3 ダイス法が適している．

ダイスおよびマンドレルと被加工材との間の潤滑には，冷間加工ではおもに油剤系のものが用いられ，熱間スエージングは無潤滑で行われることが多い．ダイス材料としては，冷間加工用には冷間金型用の合金工具鋼（JIS：SKD 11）や高速度工具鋼（JIS：SKH 51）などが HRC 55～62 程度の硬さで用いられ，熱間加工用には SKH 51 や熱間加工用合金工具鋼（JIS：SKD 61 など）が適し

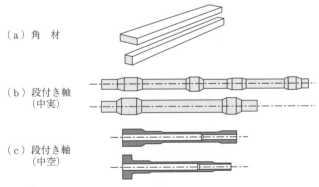

図 7.21　ラジアル鍛造による成形品の例 [27], [28]

ている．

図7.21にラジアル鍛造で成形された製品の例[27],[28]を示す．大型の中実または中空の各種段付き軸が成形できる．

7.3 傾斜軸転造

7.3.1 加工方法の概略[29],[30]

傾斜軸転造では，**図7.22**に示すように，被加工材軸SWに対してロール軸SR1，SR2をそれぞれ角度θずつたがいに逆方向に傾け一定の間隔で配置する．このとき，ロールと被加工材の接触回転におけるロール転動円直径をD_w，ロール回転速度をn〔rpm〕，ロール転動円上の点Pの周速度をvとすると，被加工材には

$$v_z = v\sin\theta = \frac{\pi D_w n \sin\theta}{60} \tag{7.3}$$

の軸方向送り速度が発生する．このv_zによって被加工材は自動的に軸方向に送られ，スルーフィード転造が行われる．

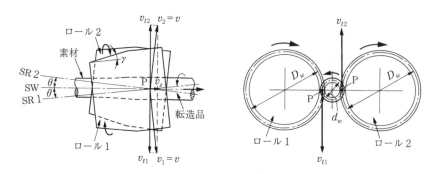

$v_z = v\cdot\sin\theta,\ v_t = v\cdot\cos\theta$
図7.22 傾斜軸転造における速度

ロール外周面には，成形すべき転造品の形状に対応した孔型（凹凸）が所定のピッチで付けられる．そのリード角をロール転動円上でβ_Rとすると，転造品に成形されるプロフィルのリード角β_Wは，被加工材の転動円上において

$$\beta_W = \beta_R - \theta \tag{7.4}$$

である.ただし,ロールの回転と軸の傾斜角が図 7.22 に示す方向の場合に θ は正で,ロール孔型が右ねじれのとき $\beta_R>0$,転造品プロフィルが左ねじれのとき $\beta_W>0$ とする.したがって,$\theta=\beta_R$ とすると $\beta_W=0$ となってリード角のない環状の転造プロフィルが得られ,$\beta_R=0$ とすると $\beta_W=-\theta$ のねじ状の転造プロフィルが成形される.$\beta_R<0$ とすると,ロール孔型より大きなリード角をもった転造プロフィルを小さなロール軸傾斜角で成形できる.

ロールは,図 7.22 に示すように,円すい状のかみ込み部と円筒状の成形部とから構成され,被加工材が各瞬間にロール孔型より受ける半径方向圧下量 Δr は,ロールのかみ込み部の円すい半角 γ に依存し,ロール数を N とすると

$$\Delta r = \frac{\pi d_w \tan\theta \tan\gamma}{N} \tag{7.5}$$

である.通常,γ は 5°～6° までが用いられる.

傾斜軸転造法は,特別な被加工材送り機構を必要とせずに,比較的簡単な構造の転造装置で高能率なスルーフィード転造が可能なところに特徴があり,球やころ,短い段付き中空部品,比較的大径のねじ状部品(ウォーム,転動ねじ,台形ねじなど)およびフィン付き管などの成形に利用できる.

7.3.2 球 の 転 造[30]
〔1〕 加 工 方 法

図 7.23 に示すように,外周面上に半円形断面の孔型をねじ状に設けた 2 個のロールを用いて,傾斜軸転造法で丸棒素材から連続的に球を成形する.外周部にバリを発生させずに比較的高精度な球が高能率で成形でき,球内部の材料流れが良好なことなどが特徴である.この方法では,転造プロフィルがリード角をもたないので,式 (7.4) で $\beta_W=0$,$\beta_R=\theta$ となり,ロール孔型のリード角に等しい傾斜角をロール軸に与える.このとき,ロール孔型のリード角としては,球の成形が完了するロール出口付近の値をとる.なお,鋼球の転造は熱間で行われる.

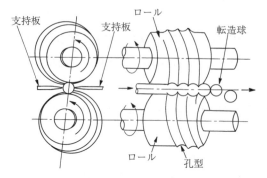

図7.23 球の転造方法

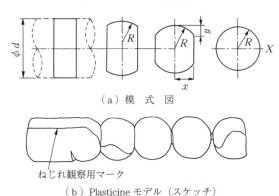

(a) 模式図

(b) Plasticine モデル（スケッチ）

図7.24 球の転造成形過程 [29)～31)]

丸棒素材から球への成形過程は**図7.24**に示すとおりであり，孔型内の材料は軸方向にはみ出すことなく体積一定を保持して成形が進行する．それを実現するための孔型の形は**図7.25**のようになり，ロールの入口側から出口側に向かって孔型のピッチは漸増させることになる．図7.25中のnは4～10，孔型のピッチ数iは3～5が一般的である．なお，ロール入口側の素材食込み部では，ロールの1/2～1周の範囲内で，体積一定の条件を保ちつつ孔型の山高さを

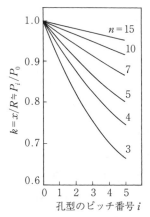
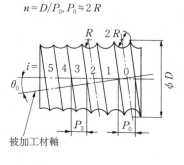

図7.25 球の転造用ロールの孔型設計 [30),31)]

7.3 傾斜軸転造

漸増させる.

〔2〕 転造装置[32),33)]

転造装置としては，2個のロールをユニバーサルジョイントを介して同方向に同速度で回転させる構造のもので，ロール駆動系内にロール位相調整機構を備え，ロール支持部ではたがいに平行な平面内で各ロール軸に所定の傾斜角を与える構造とロール間隔調整機構をもつ．また，ロール間には被加工材を所定の位置に保持するために支持板が設けられる（図7.23 参照）．

実用機としては，転造球の直径で 15～150 mm の範囲のものがあり，転造能力は約 140～30 個/min（球直径が増すほど低くなる）である．ロール材料としては熱間加工用の合金工具鋼が適しており，被加工材支持板の先端部には高温強度と耐摩耗性に優れた材料を用いる必要がある.

〔3〕 転造条件

転造温度は球の材料や大きさによって異なるが，850～1 100 ℃の範囲である．この転造法では，材料はロール孔型内にほぼ充満した状態でバリを生じないで成形が進行するので，素材直径の選定と管理は重要である．特に，ロール孔型の容積に対して材料体積が余剰になると，球の中心に穴や割れを生じる危険性が高くなる．粉砕用の球の場合には熱間圧延棒を素材に使用できる．ロール孔型の適正な設計と精度の高い加工に加えて，2個のロールの位相と軸方向相対位置およびロール軸傾斜角の正確な設定は，きずのない球を成形するうえで重要である.

〔4〕 転造球の品質[29)～31)]

図 7.26 に示すように，転造球では内部のファイバーフローが

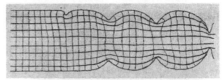

図 7.26 転造球の材料流れ（Plasticine モデル）と外観例[29),30),33)]

ボール部(隣の球とのつなぎ部)で細く絞られており、また最外周部にバリおよびファイバーフローの切断がない。そのため、ボールミルなどでの優れた耐摩耗性が期待できる。熱処理および表面仕上げを施した後の強度特性(圧壊強度、転動疲労強度など)は、型鍛造球の場合と同等と考えてよい。

転造球の材料としては、転造温度域で延性のある炭素鋼や合金鋼などが対象となるが、高炭素クロム軸受鋼(JIS:SUJ 2など)、低マンガン鋼(0.40〜0.85% C, 0.40〜1.40% Mn)、低マンガンクロム鋼(0.30〜0.80% C, 0.40〜0.80% Mn, 0.80〜1.20% Cr)、クロム鋼(JIS:SCr 435など)などは転造球(鉱石やセメントなどの粉砕用の球を含む)に用いられる代表的材料である。

転造球の直径精度はロール孔型の精度と転造条件に依存するが、ロール孔型の摩耗を考慮すると、粉砕用球では直径20〜125 mmで1〜3 mmである。なお、転造球には隣の球とのつなぎ部で切断跡が突起状に残る。

7.3.3 その他の傾斜軸転造

〔1〕 ころ状部品の転造[30]

球の転造の場合と同様に2ロール方式の傾斜軸転造により、転がり軸受用ローラー(ころ)素材や粉砕用ころ状部品(シルペーブ)の高能率な連続成形が可能である。**図7.27**は粉砕用ころ状部品の例であり、材料としては球の場合とほぼ同じものが用いられる。

ころ状部品の傾斜軸転造で、ロール外周面のねじ山高さを増して転造完了時に個々のころ状部品に切断する方法、片方のロールは孔型のない円筒形とする方法もある。

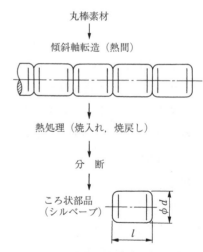

$d = 16〜25$ mm, $1/d = 1.1〜1.75$

図7.27 傾斜軸転造によるころ状部品の成形例[30]

〔2〕 **段付き中空部品の転造**[29]

厚肉の継目なし鋼管から，**図7.28**に示すように，3個のロールとマンドレルを用いた傾斜転造法によって，段付き中空部品を熱間で連続的に成形する方法が紹介されている．旧ソビエトで開発された方法であり，中実丸棒素材から加熱，マンネスマンせん孔を経てこの方法で段付き中空部品が一貫ラインで成形される．

転造成形用ロールの外周面上の孔型は，1個の成形品長さにほぼ相当するピッチをもつほぼ平行ねじ状突起および素材の肉厚を減少させて材料を後方（図7.28で左方向）に押し流すための成形用突起（く

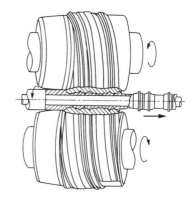

図7.28 段付き中空部品の傾斜軸転造[29]

さび形）を並列に組み合わせて構成されている．成形品はリード角をもたないので，式（7.4）から，平行ねじ状突起のリード角 β_R とロール軸傾斜角 θ は等しく設定することになる．この3ロール式の傾斜軸転造方式は，円すいころ軸受のリングの成形にも適用できる．

また，**図7.29**に示すように，平行ねじ状突起と成形用くさび形突起を並列に組み合わせて配置した2個のロールを用いて，傾斜軸転造によって中実の段付き部品を熱間で効率よく連続的に成形することも可能である．

〔3〕 **フィン付きチューブの転造**[34]〜[37]

図7.30のように，3個のロールを用いた傾斜軸転造法によって，アルミニウムや銅などの軟質金属チューブの外周部に薄いフィンまたはリブを小ピッチで盛り上げて成形する．ねじ山状にリード角をもつフィンを成形する場合には，ロールは薄い円板状要素を所定のピッチで重ね合わせて一体に固定した構造をとることが多く，各円板要素の外径はロールの食込み部において入口側から出口側に向かって漸増させる．この場合，式（7.4）により，ロール軸傾斜角 θ はフィンのリード角（転動径上）β_W と等しくなる．リード角をもたない

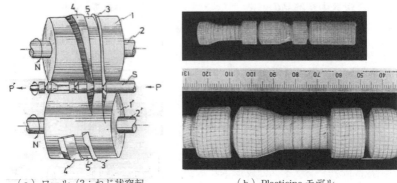

（a）ロール（3：ねじ状突起，4：くさび形突起）

（b）Plasticine モデル

（c）軟鋼の成形サンプル

図7.29 傾斜軸転造による中実段付き部品の成形例（豊田中研提供）

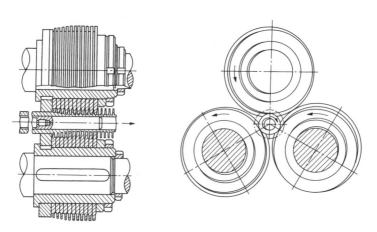

図7.30 フィンチューブの傾斜軸転造法

円板状フィンを成形する場合には，ロールは薄い突起をねじ山状に付けたものとなり，このときのロール軸傾斜角はロール上の突起のリード角 β_R と等しくなる．

7.3 傾斜軸転造

成形されるフィンチューブには,**図7.31**(a)に示したようにローフィン(ⅰ)とハイフィン(ⅱ)がある.ローフィンチューブの成形においては,チューブ内径の縮小を伴い,フィン最外径は原則的には素管の外径を越えない.そのときの成形方式は図7.31(b)-(Ⅰ)が用いられる.すなわち,ロールの突起(円板要素)の先端幅Sおよび傾斜角αは一定のままで,突起外径を増加させることによってフィン成形が進行する.ハイフィンチューブの成形では,チューブ内径はマンドレルによってほぼ一定に保たれ,フィン最外径は素管の外径より増大する.このときの成形方式としては,図(b)-(Ⅱ)または(Ⅲ)が用いられ,ロールの突起の先端幅Sは転造の進行方向に向かって漸増させる.なお,いずれの場合とも成形は通常は冷間で行われる.

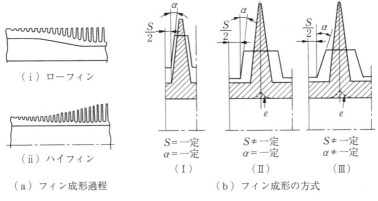

図7.31 フィン成形の過程と成形方式

アルミニウム(またはその合金)管の内側に銅(またはその合金)や鋼の管を,あるいは銅管の内部に鋼管をそれぞれ挿入した二重管から,フィン付きバイメタルチューブが成形できる.このとき,フィン成形に伴って外側の管は内側の管に強く圧着されるので,フィンチューブとしては高い熱伝達性能が得られる.また内側の硬質管はフィン成形時にマンドレルの作用も果たす.

転造装置としては,遊星歯車機構を用いることによって,3個のロールに被加工材を中心とした遊星回転運動を与える方式と,3個のロールを定位置で回

転させる方式がある．前者の方式では，被加工チューブは回転する必要がないので，コイル状に巻かれた比較的小径（外径 10 mm 前後）の長いチューブにローフィンを成形することができる．後者の方式では，被加工チューブは回転するので，チューブ素材の長さは制約されるが，マンドレルを使用したハイフィンの成形やバイメタルチューブのフィン成形が可能である．

図 7.31（b）の（Ⅱ），（Ⅲ）の方式によるハイフィンチューブの成形では，フィン先端部での半径方向割れおよびチューブ内面の引け（図 7.31（b）中の e）を生じる場合がある．これらの欠陥の防止には，ロールの突起（円板要素）の形状の適正設計，特に外径と先端幅 S および傾斜角 α の変化のさせ方が不可欠となる．**表 7.2** は本法で成形されるフィン付きチューブの寸法例[37]およびフィンチューブ転造機の諸元例[37]である．

表 7.2 フィン付きチューブの寸法と転造装置の例（ORT）[37]

形式 項目	ローフィン チューブ	ハイフィンチューブ		
	FIN 20	FIN 40	FIN 100	FIN 180
転造能力〔kN〕	10	18	24	60
最小パイプ径〔mm〕	10	12	20	20
最大パイプ径〔mm〕	25	50	80	140
フィン数〔inch^{-1}〕	19, 26, 32	10, 14	6, 8, 10, 11	6, 8, 10, 11
最小ロール径〔mm〕	45	90	120	120
最大ロール径〔mm〕	75	160	190	210
最大傾斜角度〔±°〕	6	6	6	6
スピンドル径〔mm〕	28	54	54	60.35
最小〜最大回転数〔min^{-1}〕	35〜100	30〜90	15〜60	15〜60
加工速度〔m/min〕	2〜3	3〜4	3〜4	2.5〜3.5
モーター出力〔kW〕	15	30	73.6	133
機械重量〔kg〕	1 300	4 300	6 300	9 500

〔4〕 **コーン形 3 個ロールによる転造**

1) **加工方法の概略**　120°間隔で配置された 3 個のコーン形ロールを用いて，素材を細く延伸する転造法として，ヘリカルローリングや PSW（Planeten-Schrägwalzwerk）法がある．ヘリカルローリングは，**図 7.32** の図（a）また

7.3 傾斜軸転造

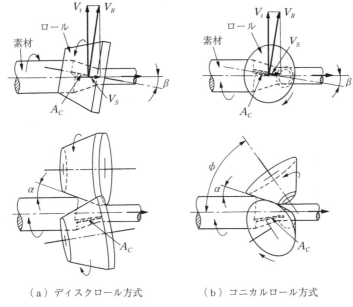

(a) ディスクロール方式 　　(b) コニカルロール方式

図7.32 コーン形3個ロールによる転造法

は図（b）のようなロールの形状と配置によって，比較的長尺の段付き軸部品の素形材を熱間で転造成形する．PSW 法は，図（b）に似たコニカルロール方式により鋼材を高断面減少率で延伸加工するものである．

いずれの方法とも，各ロール軸は図7.32に示すように素材軸を含む平面に対して角度 β（送り角）だけ傾けて配置され，ロール周速の素材軸方向成分 V_S によって素材には軸方向送り力が作用する．したがって，このコーン形ロールを用いた転造法では，被加工材は軸方向に送られつつロール外周面によって A_C 部で半径方向圧縮作用を受けて変形が進行する．β としては10°以下（3°～6°）が用いられ，被加工材の軸方向に対するロール外周面の母線角度（成形角）α は35°以下である（通常は20°～30°）．

この転造法では3個のロールを用いているため，転造変形中の被加工材の中心部には半径方向の二次的引張応力や軸直角断面内でのせん断応力が発生しにくく，中心部はほぼ半径方向圧縮応力状態となる．そのため，2ロール（ダイ

ス)を用いた中実丸棒の転造でしばしば問題となるような中心部の割れや空孔が発生する危険性はきわめて小さく，中心部の健全な転造品が得られる．

また，図7.32において，図(a)の方式に比べて図(b)の方式では被加工材とロール面との接触面で円周方向周速差が小さく，大きな加工率でも被加工材のねじり変形とロール摩耗を少なく抑えることができる．両方式の場合とも，被加工材の軸方向流出速度はロール周速と送り角 β 以外に，断面減少率や被加工材の流れ挙動，ロール表面での摩擦状態などの影響を受けて変化する．

2) **ヘリカルローリング**[38] 旧ソビエトで開発された方法であり，図7.33のように，3個のコーン形ロールの間隔を転造中に変化させることにより，丸棒素材から種々の段付き軸素形材を成形する．被加工材の軸方向送りを確実にするとともに，ロール間における軸方向流れを助長（円周方向流れを抑制）して断面減少を容易にする目的で，被加工材には前方張力 (5〜27 MPa) が加えられる．

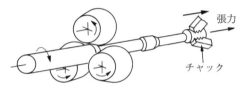

(a) ディスクロール方式

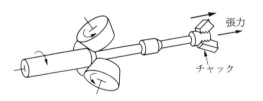

(b) コニカルロール方式

図7.33 ヘリカルローリング[38]

ロール間隔は前方張力付加用チャックとともに移動するテンプレートにならって油圧機構で制御され，前方張力も油圧によって与えられる．図7.32(b)に示したロール軸傾斜角 ϕ は 60°である．

成形できる形状の制約および最大加工度は**図7.34**に示すとおりであり，コニカルロール方式のほうが加工度を大きくとれる．本法では炭素鋼および合金鋼が加工でき，成形品表面のらせん状ロール跡の深さは 0.2〜0.5 mm 程度とされている．成形品の先端には転造時に前方張力付加用のチャック部（平行部，図7.34中のC）を要し，成形品の最大直径は素材の直径以下である．

実用のヘリカルローリング機（旧ソビエト製 Three high mill）としては，素

7.3 傾斜軸転造

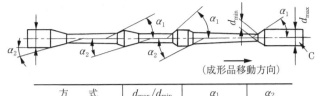

方　式	d_{max}/d_{min}	α_1	α_2
ディスクロール	$\leqq 1.7$	$\leqq 35°\sim 45°$	$\leqq 35°$
コニカルロール	$\leqq 2\sim 2.2$	$\leqq 35°$	$\leqq 25°$

図7.34 ヘリカルローリングの加工限界[38]

材径7〜120mmの範囲で数種類のモデルが開発された[38].

3) PSW法[39),40)]　3ロール式の遊星圧延法であり，1970年代の前半に西ドイツのSMS-Schloeman-Siemag社で開発された．**図7.35**に示すように，3個のコニカルロールが被加工材を中心として遊星回転運動をすることによって，中実または中空の素材を熱間で延伸加工する．加工中に被加工材は回転せず，ロール軸に与えられた送り角βの作用によって軸方向に送られる．被加工材には，ヘリカルローリングの場合のような前方張力は加えない．なお，図（c）において，ロールの遊星回転運動は主駆動軸から与えられ，補助駆動軸

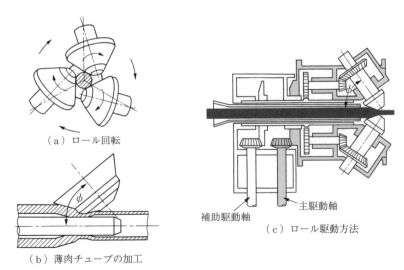

図7.35 PSW法（3ロール式遊星圧延機）[39),40)]

はロールの公転速度とは独立にロール自転速度のみを変化させる．図（b）は中空素材の延伸加工用のロール形状の例である．

ロール軸の傾斜角 ϕ としては約 $50°$，送り角 β としては約 $6°$ が用いられる．中実および中空の素材に対して，延伸比（加工前後の横断面積比）で 10〜15 に及ぶ高い断面減少率の加工が 1 パスで可能であり，中実の素材では中心部に大きな圧縮塑性ひずみ（鍛伸効果）を与えうる．また，加工時に被加工材が受けるねじり変形はきわめて少ない．したがって，連続鋳造素材や八角形断面素材（インゴット）からの高加工度延伸が可能とされている．中空素材の場合には，図 7.35（b）のようにマンドレルを使用する．

中実素材用の実用機としては，素材最大径〔mm〕/最小出口径〔mm〕で 125/30〜320/80 のものがある．被加工材の出口速度は出口直径（加工後の直径）とロール公転速度にほぼ比例し，0.45〜0.9 m/s である．出口直径の変化は，ロールをその軸方向に移動させる機構（微調節用）またはロールの組替えによって行う．

加工後の寸法精度は，中実では直径で $\pm 0.75\%$，真円度で約 1%，パイプの肉厚では $\pm$ 約 5% とされている．パイプ素材の最大長さは約 100 m である．なお，本転造法では素材の実用流入速度を通常の圧延機に比べて大幅に低くでき，前後の工程との連続を図るうえで有利な場合がある．

7.4　冷間プロフィル転造

7.4.1　プーリ転造

プレス成形で作られた鋼板製のブランクを用い，ローラーダイスの押込み（インフィード）転造によって，**図 7.36** および**図 7.37**[41)] に示すように，V ベルト用プーリの V 溝を冷間で成形する．図 7.36（a）はブランク外周部をローラーによって板厚方向に二つに割って V 溝に成形する方式，図（b）はカップ状ブランクの外周側壁部をローラーにより折り曲げて V 溝を成形する方式である．図 7.37 は，鋼板製ブランクの外周側壁部分にポリ V ベルト用の V 溝

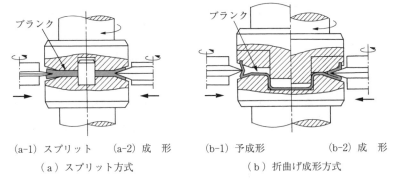

(a-1) スプリット　(a-2) 成　形　　(b-1) 予成形　　(b-2) 成　形

（a）スプリット方式　　　　（b）折曲げ成形方式

図 7.36　単溝プーリの転造法

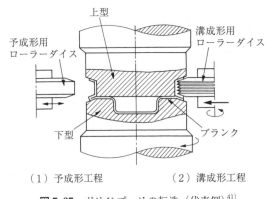

（1）予成形工程　　　　（2）溝成形工程

図 7.37　ポリ V プーリの転造（代表例）[41]

（標準的には溝角度 40°, 溝高さ約 3.2 mm, 溝底厚さ約 1 mm, 溝数 3〜8 本程度）を転造成形する方式である．これらの各方式を組み合わせて，種々の形のＶプーリが成形されている．

通常は，ブランク保持軸を回転駆動し，ローラーは従動回転で CNC 機構によって押し込まれる．ブランク保持軸は転造力に対して十分に高い横剛性をもつ必要がある．また，Ｖ溝成形に伴って大きな軸方向力が発生するので，ブランク上下の型の保持系にはそれに対抗するだけの高剛性と高い軸方向圧着力が必要となる．

成形された V 溝表面は平滑で，加工硬化を生じているので，V ベルトおよび

プーリの寿命が長いこと，生産性が高く材料のむだが少ないことなどがプーリ転造の特長である．ただ，特にポリVプーリの場合には，V溝成形部に強度上必要な十分な初期板厚を与えるために，ブランク成形過程や転造の前工程で種々の工夫が行われている．ローラーダイスの成形用山形部には転造時に高い曲げ応力が作用するので，実用的なローラー寿命を得るためには，転造力の設定やブランクの初期形状などについて十分な適正化が要求される．

7.4.2 プロフィルリングの転造

図7.38に示すように，成形ロール押込み方式によって，矩形断面のブランクからボール軌道面などの断面形状をもつ小径のプロフィルリングを転造成形する．図（a）の方式では軸受内輪等の外側形状の成形が，図（b）の方式では外側および内側の成形が，また図（c）の方式では内側形状の成形がそれぞれ可能である．図（a）～（c）は冷間加工が主であるが，図（a）と（b）は熱間または温間でも実施できる．図（d）は比較的大径のリング成形用であり，おもに熱間または温間で行われる．また，図（b）および（d）の方式では成

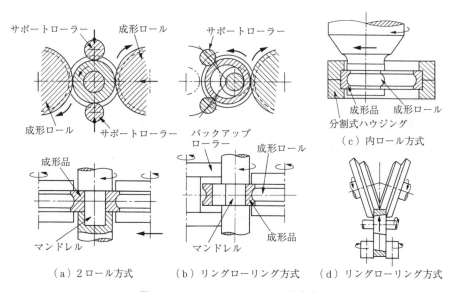

図7.38 プロフィルリングの転造方法

形時に円周方向の材料流れとそれに伴うリング直径の増加を生じるが，図（a）および（c）の方式では円周方向材料流れを拘束して断面形状のみを成形する．

図7.39はリングローリング方式によるリング内面形状の冷間成形の例[42]である．矩形断面のブランクから最終成形品への直径増加率（d_2/d_1）は，リングの最終断面形状や断面積および材料延性に依存するが1.2～2.5程度である．

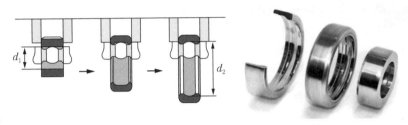

図7.39 プロフィルリング転造による内側形状の成形[42]

被加工材としては，高炭素クロム軸受鋼（JIS：SUJ 2など）やクロム鋼（JIS：SCr 420など）などが対象となる．転造装置としては，図7.38（b）の方式では最大転造力が220～800 kNで，最大外径140～250 mm，最大幅43～80 mmのリングが成形できるものが開発されている[42]．

成形品の精度はブランク精度とローラーの押込み量に強く依存し，それらの誤差は図7.38（b）と（d）の方式ではリングの直径精度に影響する．

7.4.3 テーパチューブの転造成形

均一な直径のチューブ素材から長尺のテーパチューブを転造成形する方法として，**図7.40**に示すような3個または4個のローラーを用いる方式がある[43]．チューブ素材は回転駆動されながら軸方向に送られ，それに伴ってローラーは従動回転しながら半径方向（3ローラー方式）または水平方向（4ローラー方式）にチューブ中心に向かって連続的に押込まれて，チューブ素材はテーパ状に加工される．通常は複数パスで成形が完了するが，チューブ断面の座屈変形を防止しながら良好なテーパ加工を行うには，適切なローラー外周形状の選定

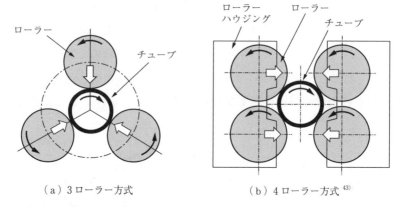

(a) 3ローラー方式　　　　　　(b) 4ローラー方式[43]

図7.40　テーパチューブの転造成形例

に加えて，チューブ素材1回転当りのローラーの押込み量やチューブ素材の軸方向送り速度の最適化が必要である．

7.4.4　バニシ転造[44)〜47)]

バニシ転造では，被加工物の表面にローラーを押し付けて転動させることにより，被加工物の表面層に塑性変形を生じさせる．それによって，表面粗さと寸法精度の向上，表面層での加工硬化と圧縮残留応力の発生による曲げ疲労強度の向上などの効果が得られる．図7.41は代表的なバニシ転造法である．図には示していないが，ボール工具を用いたバニシ加工も試みられている．ローラーと被加工物との間の接触はヘルツ接触に近く，塑性流動は接触域の近傍でのみ生じ，被加工物の中心部までは及ばない．したがって，被加工物に断面減少などの巨視的な形状変化は生じず，ディープローリング法の場合を除けば，寸法変化は表面粗さ（凹凸）の平滑化に対応する程度である．

バニシ転造の主要な加工条件としては，ローラーと被加工物の接触部の形状と寸法（曲率を含む），被加工物の材質と機械的性質（硬さなど），初期表面状態およびローラーの押付け力，バニシ量（加工代）および被加工物上の同一部分への加工回数などがある．これらの条件によって仕上げ面粗さ，加工硬化および残留応力の大きさと深さ方向への分布状態などが影響され，曲げ疲労強度

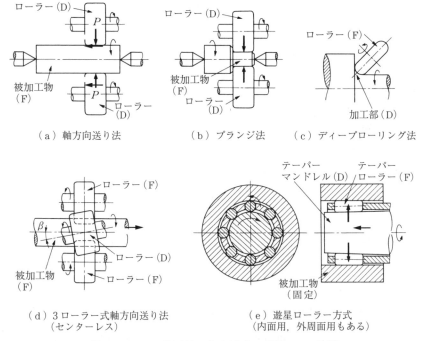

図 7.41 バニシ転造法の代表例（D：駆動，F：従動）

も変わってくる．特に初期表面状態（前加工表面）は重要で，ドリル加工のように局部的に深い傷が残る場合にはその傷を完全には押しつぶせないことがあるので注意がいる[44]．ローラーの押付け力には，仕上げ面粗さや曲げ疲労強度を最大にする適正範囲が存在する．

　バニシ転造は鋼，鋳鉄，アルミニウム合金などの切削加工面や研削加工面に対して施される．転造後の表面粗さとしては R_{max} 0.1〜1 μm 程度が得られ，被加工材表層部には降伏点に近い大きさの残留応力を発生させうる．加工硬化により，硬さは表層部で高く内部に向かって漸減する分布となる．加工硬化を生じる深さ範囲は，通常は表面から 1〜2 mm 程度であるが，大型クランクシャフト・フィレット部のディープローリング法では 20 mm 程度まで深くした例もある．また，大型クランクシャフトに対して熱間でのディープローリングも実用化されている[46]．さらに，ダイヤモンドチップ式バニシング工具を用い

て，バニシング加工によるステンレス鋼やアルミニウム合金の部品の表面改質も試みられている[47]．

7.5 ディスクローリング

7.5.1 加工法と歴史

ディスクローリングは，回転する円板に周囲からロールを押し付けて塑性変形を与え，断面形状をいろいろと逐次創成するロール加工法であり，1章で示した回転加工の分類（図1.4）では，〔B〕-(Ⅱ)の範囲の加工を総称する．

円板部品のロール加工は，1890年米国エッジウォーター（Edge-water）社がピッツバーグに設置した鉄道車輪の専用圧延機として生まれた．日本では，1933年エッジウォーター社の横形車輪圧延機が導入されて，鉄道車輪の圧延が開始されている．しかし，この圧延機は主としてタイヤ圧延（リングローリング）に用いられ，車輪の圧延は，それほど多くなかった．その後，1959年に西独シュレーマン（Schloeman）社の立形車輪圧延機が導入され，9 000 tfプレス-車輪圧延機-3 000 tfプレスで構成される車輪圧延専用ラインが完成して，車輪の本格的な圧延が開始された[48]．

一方，鉄道用車輪以外へのディスクローリングの適用は，公表された資料が少なく，素形材産業にどの程度普及しているのか明らかでないが，円板の外周部分をテーパー圧延して，プレス加工前のトラック車輪用ホイールディスクをつくる方法，円板の外周面を裂開してVベルトプーリを成形する方法などに適用されている．さらに特許資料でみれば，ユニークなディスクローリングの適用がある．しかし，これらはほとんどが多量生産品への適用であり，古い歴史をもつ加工法にもかかわらず，これまで多品種少量生産品への適用はまったくなされていなかったようである．最近になって，多品種少量生産手段としてディスクローリングが見直され，開発が進められるようになった[49],[50]．

7.5.2 車輪圧延機（ホイールミル）[48]

[1] 圧延車輪の製造工程[51]

図7.42に圧延車輪の代表的な製造工程を，図7.43に車輪各部の名称を示す．

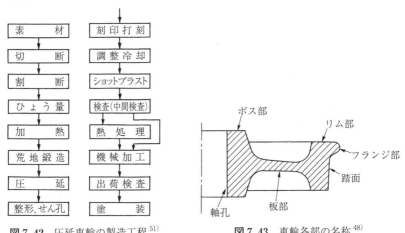

図7.42 圧延車輪の製造工程[51]　　図7.43 車輪各部の名称[48]

素材としては，一般に丸形断面の小鋼塊（$\phi 400 \sim \phi 500\,\mathrm{mm}$）が使用され，スライサー（多刃突切り旋盤）で4～7箇所に$\phi 60 \sim \phi 180\,\mathrm{mm}$まで切り込んだ後，プレスで割断して鋼片をつくる．

鋼片はひょう量機で重量を測定し，限度基準内のものを加熱炉にて1250℃に加熱・均熱する．ついで機械式または高圧水ジェット式のデスケーラーでスケールを除去した後，6000～12000 tfの液圧プレスで荒地鍛造が実施される．

荒地鍛造の代表的な工程を図7.44に示す．この図は荒地鍛造が2工程で実施されていることを示す．鋼片は第1工程の鍛造で，次工程の鍛造を精度よくかつ容易にするため，各部の体積配分を行うとともに，取扱いが容易で心出しができる形状にされる．第2工程の鍛造では，車輪圧延機による圧延や，プレスによるせん孔が容易な形状に，また車輪圧延機で圧延されない部位（車輪の軸孔部およびその近傍の板部）について所定の寸法形状にされる．この荒地鍛造における特長は，型鍛造と異なりバリを出さないことであり，軸方向，半径

7. その他の回転成形

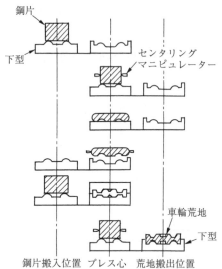

図7.44 車輪荒地の鍛造工程[48]

方向だけでなく円周方向にも連続したメタルフローが与えられる．反面，鋼片の重量ばらつきがそのまま圧延車輪の寸法の大小となって現れるので，重量の管理が重要となる．

鍛造された荒地は車輪圧延機で圧延される．この圧延は鍛造のみでは不十分な部位の成形と，軸方向，半径方向および円周方向に連続したメタルフローを与え，車輪の強度を増すことを目的としている．**図7.45**に圧延前後の車輪とロールの相対位置および形状を示す．

圧延後の車輪は，1 000～3 000 tf 液圧複動プレスで板部の成形，リム面のひずみ矯正，リム内径寸法のばらつき修正を行うと同時に，軸孔部のせん孔が行われる．最近は軽量でしかも剛性が高く，かつ低騒音車輪として，板部を円周方向に波打たせた波打ち車輪が使われるようになってきたが，この場合も圧延までは板部をストレートに圧延しておき，波打たせた上下型を用いて整形プレスで成形する．ついで製造年月，溶解番号，圧延番号，製造番号が刻印され，鍛造圧延工程を完了する．このときの温度は800～900℃である．

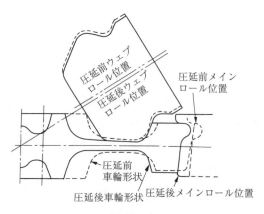

図7.45 圧延前後の車輪形状[48]

その後，車輪は調整冷却を経て，ショットブラスト処理，検査，熱処理などが実施され，機械加工工程に送られる．

〔2〕 **車 輪 圧 延 機**

車輪の圧延機は，横形圧延機（例：エッジウォーター型）と立形圧延機（例：シュレーマン型，ワグナー（Wagner）型）に大別される．

1） 横形車輪圧延機　　図7.46にエッジウォーター社開発の横形車輪圧延機の例[48]を示す．

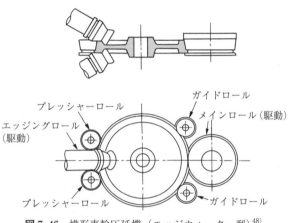

図7.46 横形車輪圧延機（エッジウォーター型）[48]

この圧延機は，エッジングロール2個，プレッシャーロール2個，メインロール1個およびガイドロール2個の計7個のロールで構成され，エッジングロールとメインロールを駆動して，車輪を地面と平行に回転しながら圧延する．エッジングロールとプレッシャーロールとは一つのキャリッジの上にのっており，キャリッジ全体が車輪の半径方向に動き，かつプレッシャーロールが車輪の半径方向に，上部エッジングロールが車輪の軸方向にそれぞれ単独でも動く．ガイドロールは適正な圧力で車輪を正しい位置に保持する．圧延は，エッジングロールとプレッシャーロールとで車輪のリム部を軸方向および半径方向に圧下し，リム内径および外径を大きくしながら，板部，リム内径，フランジ部および踏面を成形する．

2) **立形車輪圧延機**　　図7.47にシュレーマン社開発の立形車輪圧延機の例[48]を示す．この圧延機は，メインロール1個，ウェブロール2個，プレッシャーロール1個，ラテラルロール2個，ガイドロール2個の計8個のロールで構成され，メインロールとウェブロールを駆動して，車輪を地面と直角な面で回転しながら圧延する．各ロールは水圧または電動により図に示す矢印の方向

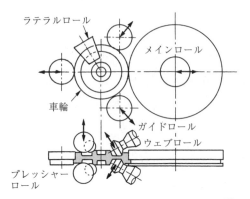

図7.47　立形車輪圧延機（シュレーマン型）[48]

に動き，ラテラルロールについては傾き角度も調整できる．メインロールは通常車輪の1.5～2倍の直径をもち，120 kWの直流モーターで駆動しており，一方2個のウェブロールはそれぞれ320 kWのモーターで駆動され，減速機を介して約80 rpmで回転する．なお，速度はいずれも自由に変えられる．

圧延は，まずウェブロールで車輪の板およびリム内径を圧下するとともに，メインロールを押し付けて踏面を成形する．この際リムの幅広がりもあるので，これをラテラルロールで押さえる．この一連の圧延により，リム部にある体積の7～8%は板部に移動し，リム内径および外径を大きくしながら，板部，リム内径，フランジ部および踏面を成形する．

ウェブロールおよびメインロールの圧下力は，圧延開始とともに徐々に高め，通常それぞれ160および120 tf程度となるが，圧延終了近くで減圧して車輪の楕円化やひずみの発生を防止する．また，ガイドロールとプレッシャーロールは，適正な圧力で車輪を正しい位置に保持するとともに，メインロールと対向するプレッシャーロールは外径表示装置も兼ねている．

圧延中に車輪は7～8回転し，外径は通常60～80 mm程度大きくなる．

車輪の圧延は，板材の圧延と比較して多くの特徴をもっている．まず板材の圧延のワークロールに相当するメインロールとウェブロールが，複雑な断面を

もつうえに両ロールの径が極端に異なっている．また，素材は非定常で徐々に径を拡大され，三次元的に変形する．さらにロールの形状が複雑なので素材とロールとでは周速の合わない部分が生じる．特にウェブロールについては，ロールの軸と素材の軸が平行でないため，圧延中にロールと素材との間で相対的なすべりを生じる．したがって板材の圧延に比べ，ロールの周速，表面状態および潤滑状態が圧延終了後の形状にいっそう大きな影響を及ぼす．このため，ウェブロールに対するガイドロールの上下位置や，ラテラルロールの傾き角度については，微調整が可能で，これらによりすべりの大きさや方向を変化させ，車輪の圧延後の形状を改善する．実際の作業においては，ロールの位置の調整や周速の調整に最大の関心が払われている．

この車輪圧延機の能力は，外径 $\phi 550 \sim \phi 1\,350$ mm の車輪を圧延でき，$\phi 800 \sim \phi 900$ mm 程度のものであれば，圧延機への車輪の搬入・搬出（10秒以内）を含め約45秒に1個の割合で圧延することができる．

表 7.3 に車輪の寸法公差の例として JNR 規格[51]を示す．このうち (2)，(5)〜(9) については，通常圧延放しのままで公差内に収める．

表 7.3 車輪寸法公差[51]（JNR 規格）

〔単位 mm〕

部　位	ボス付け根 R 部に仕上げ指定のある車輪	ボス付け根 R 部に仕上げ指定のない車輪
(1) 踏面外径	+5 -2	+5 -2
(2) リム内径	+0 -12	+0 -12
(3) リム幅	+3 -1	+3 -1
(4) リム偏肉	3 以下	3 以下
(5) 板厚	+6 -0	+8 -0
(6) 板偏心	±3	±5
(7) ボス外径	+15 -0	+25 -0
(8) ボス偏肉	10 以下	10 以下
(9) ボスに対する板部位置	±6.5	±8.5

立形車輪圧延機は，前述したように日本にも導入されており，横形車輪圧延機に比べて車輪の搬入・搬出など，その取扱いが容易なこともあって，現在各国で稼働している．

7.5.3 ディスクリング成形機[49),50)]

車輪圧延機が専用の型ロールを使った多量生産向けのディスクローリングの代表適用例とすれば，ディスクリング成形機は汎用ロールを使った少量生産向けの代表適用例といえる．

〔1〕 成形法と特徴

図7.48にディスクリング成形機を示す．この成形機は，センターシャフト2個，ウェブロール2個，リムロール2個，サイドロール1～2個，センタリングロール2個，ガイドロール2個の計11～12個の汎用ロールで構成されており，1台でディスク，リングおよび中間形状のディスクリングを圧延しようとする欲張った機械である．ロール名称が前述の車輪圧延機と異なっているが，成形品の各部位に位置するロールの働きは基本的には同じである．

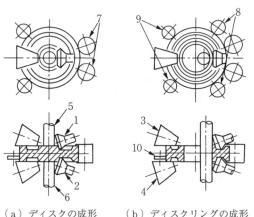

(a) ディスクの成形　　(b) ディスクリングの成形

ロール名称
1：上部ウェブロール　　6：下部センターシャフト
2：下部ウェブロール　　7：サイドロール
3：上部リムロール　　　8：センタリングロール
4：下部リムロール　　　9：ガイドロール
5：上部センターシャフト　10：検出ロール

図7.48　ディスクリング成形機[50)]

図7.49にディスクリング成形法の原理[50)]をディスクの成形を例にして示す．成形品の各部位に配置した汎用成形ロールを，圧延工程に示す矢印の方向に移動してウェブを平坦な形状に圧延する．ついで成形工程に示す矢印の方向

に成形ロールを移動してウェブを所要の形状に成形する．もちろんウェブの形状によっては，圧延と成形を同時に実施する．なお，ディスクリングも同様の方法で成形する．

このように，ディスクリング成形法は，成形品の周囲に配置した汎用成形ロールの自在な運動制御によって圧延と成形を実施し，多様な形状の成形品を生産量に関係なく柔軟かつ迅速に生産することを特徴としている．

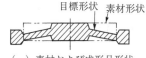
（a）素材および成形品形状

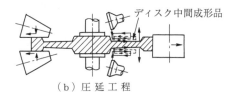
（b）圧延工程

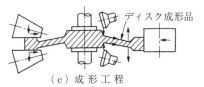
（c）成形工程

図7.49 ディスクの成形法[50]

〔2〕 **成形機の概要**[49]

成形機の基本仕様を**表7.4**に，成形品の仕様を**表7.5**に示す．成形力はロールによる順次成形であるため，すべての成形力を単純加算しても自由鍛造プレスの1/10程度であり，駆動電動機容量も小さなものとなっている．

表7.4 ディスクリング成形機の基本仕様[49]

項　目 ロール名称	成形力 〔tf〕		成形動力 〔kW〕	回転数 〔rpm〕
センターシャフト		50	55（DC）	40～100
ウェブロール	厚下 送り	50 30	75×2台（DC）	45～200
リムロール	厚下 送り	30 10	45×2台（DC）	30～200
サイドロール		35	－	従　動

表7.5 成形品の仕様[49]

項　目	素形材の種類	ディスク	ディスクリング
重　量〔kgf〕		40～150	35～150
外　径〔mm〕		400～600	400～600
肉　厚〔mm〕		－	100～200
高　さ〔mm〕		50～150	50～150

圧下系の制御は，ウェブロールなどの主要な成形ロールには，速度，位置，成形力の電気・油圧サーボ制御が採用されている．駆動系の制御は，成形ロールの周速が成形品の周速と一致するように，ロール寸法，位置などの幾何学的条件と成形品の回転数から，成形ロールの回転数を演算し

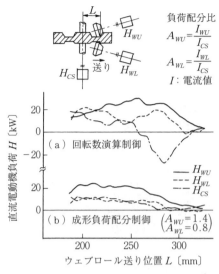

図7.50 成形ロール駆動制御法の比較[49]

ながら制御する回転数演算制御法と,成形に要する総負荷を任意に設定した負荷配分比で,それぞれの直流電動機に負荷を配分し,これを受けもたせるように制御する成形負荷の配分制御法が採用されている.

図7.50に両制御法でディスクを成形したときの,下部センターシャフト,上・下ウェブロールのそれぞれの電動機負荷[49]を示す.図中(a)は回転数演算制御の例であるが,そろばん玉形状のウェブロールの直径をいくらに設定するかによって,電動機負荷が大きく変動する.ロール径の設定を間違うと図に示すように,ウェブの成形途中でいずれかの電動機がブレーキとして作用するようになり,この制御法だけでは実用的でないことがわかる.

図中(b)は成形負荷の配分制御の例を示すが,この場合はすべての電動機負荷を成形動力として作用させており,効率よく成形を実施していることがわかる.通常は負荷の配分制御法が使用されるが,仕上げ成形パスのように軽圧下の場合には,ロールと成形品の間のすべりをさけるため,回転数演算制御法が使用される.

成形機の運転は,マイコンによるプログラム運転により全自動運転される.

〔3〕 **成形状況および成形品の精度**

図7.51にディスクおよびディスクリング成形品の例[49),50)]を示す.図7.52にディスク成形中の外径の広がり状況の例を示す.成形はいずれもスムーズに実施されている.成形に要する時間は,例えば外径 $\phi 480\,mm$,高さ $70\,mm$ の単純円板からウェブ厚さ $20\,mm$,リム高さ $65\,mm$,外径 $\phi 575\,mm$ のディス

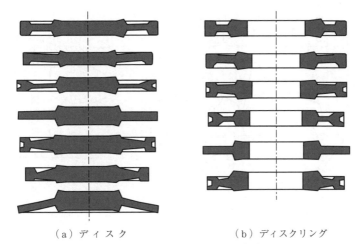

（a）ディスク　　　　　　（b）ディスクリング

図7.51 成形品の例 [49),50)]

クに成形する場合，実際に成形している時間は約2分である．

図7.53にディスク成形中の成形力の推移例 [52)] を示す．小さな成形力でディスクの各部が成形されている様子がよくわかる．

図7.54にウェブの成形精度の例 [52)] をディスク成形品につ

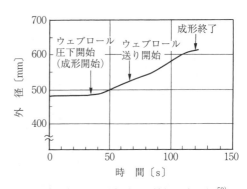

図7.52 ディスク成形中の外径の広がり [50)]

いて示す．本成形法ではウェブの成形が最も重要であり，高精度に成形するには成形時の材料流れを予測する必要がある．すなわち，ロールの軌跡どおりには成形されず，ロール背面方向にも材料が流れるため，ウェブは上・下ウェブロールの間隙値よりも厚く成形される．同図のデータは，このロール背面方向への材料流れ量を予備実験をもとに予測し，上述のロール間隙値を予測量だけ補正して成形したものである．ウェブ各部の成形厚さは目標値±1.0 mm 以下であり，良好に成形できたことがわかる．

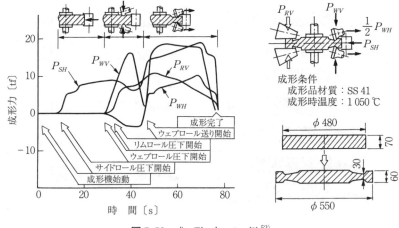

図 7.53 成形力の例[52]

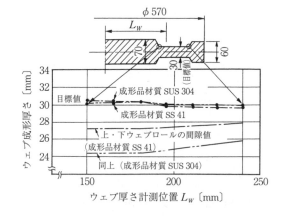

図 7.54 ウェブの成形精度の例[52]

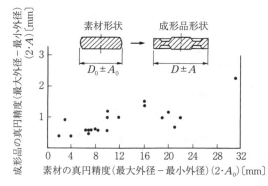

図 7.55 ディスク成形品の真円精度に及ぼす荒地精度の影響[52]

なお，ロール背面方向への材料の流れ量は，圧下量，ロール形状，成形パス回数，送り速度，成形位置，素材材質，送り力などの成形因子により異なる．これらのデータは文献[50]に詳しく述べられている．

図7.55にディスク成形品の真円精度に及ぼす荒地精度の影響[52]を示す．荒地は丸ビレットを単純にプレスで据え込んだままのものである．真円精度は荒地精度にわずかに影響される傾向を示すが，プレス据込み荒地でも良好に成形できることがわかる．しかし，大型部品の場合には安価な角ブルームの使用が予想され，鍛造プレス容量にも影響されるが，鍛造荒地の精度が問題となる．大型部品への適用は今後の課題の一つである．

図7.56，図7.57にディスク成形品断面内の半径方向および円周方向への材料流れ[50]を示す．半径方向への材料流れは，ボス側では表層部よりも深部が

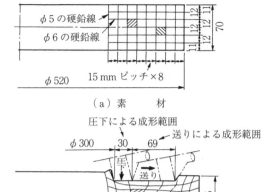

図7.56 ディスク成形品の半径方向への材料流れ[50]

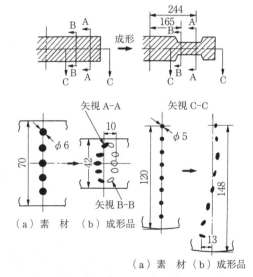

図7.57 ディスク成形品の円周方向への材料流れ[50]

外径方向へよく流れ太鼓形変形となっているのに対し，リム側では鼓形変形となっている．板厚方向はほぼ均一に圧縮変形している．

一方，円周方向への材料流れは，ボス側では成形後方（反回転方向）へ流れ，リム側では成形前方（回転方向）へ流れる．また，表層部よりも深部のほうがよく流動している．なお，ディスクリングも変形特性は基本的にディスクと同様である．

7.5.4 ディスクローリングの適用の拡大

図 7.58 に示すように，リングローリングミルに装置を追加して，ディスクリングを成形するものがある．前述のエッジウォーター型の横形車輪圧延機もジグを取り替えることにより，リング圧延が可能であり，これと同様の原理に基づくものといえる．現在各国に普及しているリングローリングミルの適用範囲を，ディスクにまで拡大しようとする多機能化の可能性を示している．

例えば，Schuler 社（ドイツ）では，鋳造された円柱状素材から図 7.59 に示したような工程（熱間の鍛造とディスクローリ

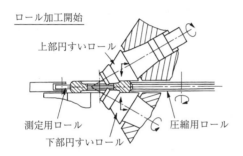
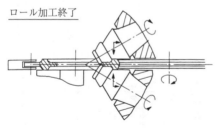

図 7.58 リングローリングミルの適用拡大[53]

図 7.59 鉄道車両用ホイールの熱間鍛造・ローリングによる成形例（Schuler Group）[53]

ングの組合せ）で鉄道車両用ホイールを成形するプロセスを実用化している[53]．この場合のディスクローリング機は図7.47に示したものに似た立形タイプで，Schuler社製である．また，この種の立形の装置を用いた車輪圧延プロセスについて，FEMによる解析[54]も行われており，リム部の材料流れの方向に加えて，ウェブ内に発生する引張応力（半径方向および円周方向）がウェブ肉厚を減少させることなどが示されている．

引用・参考文献

1) 葉山益次郎・工藤洋明・金洙淵：簡単な回転鍛造プレスの試作と実験結果，塑性と加工，**24**-266，(1983)，254-261.
2) 葉山益次郎：回転鍛造の理論的解析，塑性と加工，**24**-267，(1983)，386-392.
3) 久保勝司・平井幸男・小木曽史朗・伊藤正治：試作された回転鍛造機の性能解析，塑性と加工，**14**-151，(1973)，648-665.
4) Samolyk, G.：Studies on Stress and Strain State in Cold Orbital Forging a AlMgSi Alloy Flange Pin，Archives of Metallurgy and Materials, **58**, Issue 4, (2013), 1183-1189.
5) 中根龍男・小林勝・鎌田充也・中村敬一：すえこみ-押出し同時加工における変形挙動，塑性と加工，**22**-248，(1981)，896-903.
6) 中村守・久保勝司・平井幸男：回転加工における不均一変形の研究，塑性と加工，**24**-270，(1983)，730-736.
7) 蘇洪興・川井謙一・葉山益次郎：回転鍛造の圧力分布：塑性と加工，**29**-334，(1988)，1119-1124.
8) 蘇洪興・川井謙一・葉山益次郎：回転鍛造の変形機構の解析：塑性と加工，**30**-336，(1989)，123-129.
9) Han, X. & Hua, L.：Comparison between cold rotary forging and conventional forging, Journal of Mechanical Science and Technology, **23**, (2009), 2668-2678.
10) Han, X. & Hua, L.：3 D FE modeling of cold rotary forging of a ring workpiece, Journal of Materials Processing Technology, **209**, (2009), 5353-5362.
11) Hua, L. & Han. X.：3 D FE modeling of cold forging of a cylinder workpiece, Materials and Design, **30**, (2009), 2133-2142.
12) 森鉄工ホームページ：http://www.moriiron.com/（2018年11月現在）
13) 西口勝・福安富彦・速水寧人・佐藤恭博：航空機エンジン用Ti合金の回転鍛造加工，塑性と加工，**29**-335，(1988)，1287-1292.

14) MJC Engineering and Technology, Inc. ホームページ：http://mjcengineering.com/,（2018年11月現在）
15) International Forming Technology Inc. ホームページ：http://www.intft.com/home.html,（2018年11月現在）
16) Global Metal Spinning Solution, Inc.（DENN）ホームページ：http://www.globalmetalspinning.com/index.htm,（2018年11月現在）
17) 好井健司・安部正裕・木村尚・泉田耕司・海老原治・森謙一郎：遥動鍛造を利用したトラック・バス用大型ホイールディスク成形プロセスの開発，塑性と加工，**41**-476,（2000），926-930.
18) 海老原治・森謙一郎・好井健司・高橋大・安部正裕：遥動成形を用いたトラック・バス用大型ホイールディスクにおける成形条件の決定と円環肉厚分布の最適化プロセスの開発，塑性と加工，**42**-483,（2001），348-352.
19) Nam, C., Lee, M., Eom, J., Choi, M. & Joun, M.：Finite elemeny analysis model of rotary forging for assembling wheel hub bearing assembly, Procedia Engineering **81**,（Proc. 11th International Conference on Technology of Plasticity, ICTP 2014）,（2014）, 2475-2480.
20) 加藤千景・横井秀郎・西井清明・柳本潤：遥動鍛造条件が製品形状および表面硬度に及ぼす影響，塑性と加工，**58**-672,（2017），60-65.
21) HMP（Heinrich Müller Maschinenfabrik GmbH）ホームページ：https://www.hmp.de/en/products/rotary-swaging/index.html, https://www.hmp.de/cms/upload/Rotary%20swaging%20GB.pdf,（2018年11月現在）
22) Trrington ホームページ：http://torrington-machinery.com/en/machinery-products/swager/,（2018年11月現在）
23) FELLES ホームページ：https://www.felss.com/en/processes-machines/rotary-swaging/,（2018年11月現在）
24) 吉田記念ホームページ：http://www.yoshidakinen.co.jp/products/swaging_machines.html,（2018年11月現在）
25) 盛田真史（インタビュー）：塑性加工の強みを活かし，材料の機能性をアップする―ジャロックのスエージング加工―，塑性と加工，**57**-664,（2015），450-455.
26) Zhang, Q., Mu, D., Jin, K. & Liu, Y.：Recess swaging method for manufacturing the internal helical splines, Jounal of Materials Processing Technology, **214**,（2014）, 2971-2984.
27) American GFM ホームページ：http://www.agfm.com/new/Forging/Intro.html,（2018年11月現在）
28) SMS ホームページ：https://www.sms-group.com/plants/all-plants/radial-forging-machines/, https://www.sms-group.com/sms-group/downloads/download-detail/17561/,（2018年11月現在）

29) 鍛造ハンドブック編集委員会編：鍛造ハンドブック，(1971)，443-447，日刊工業新聞社．
30) 粟野泰吉：ボールの転造，日本機械学会誌，**62**-489，(1959)，1467．
31) 粟野泰吉ほか：鍛造における材料流れの研究（第8報），名古屋工業試験所報告，**7**-9，(1958)，631．
32) Anyang Forging Press (Group) Machinery Industry Co. Ltd ホームページ：http://www.chinesehammers.com/EngLish/channels/steel-ball-miller.html，(2018年11月現在)
33) Suchuang 社ホームページ：http://www.skewrollingmill.com/，(2018年11月現在)
34) SmartClima 社ホームページ：http://www.smartclima.com/finned-tube-coil-immersion-heat-exchanger.htm，(2018年11月現在)
35) Regg Rolling 社ホームページ：https://www.reggrolling.com/en/high-low-fin-tube-machine/，(2018年11月現在)
36) USEL Tubular Division ホームページ：http://www.tubesupplyinternational.co.uk/products/integrally-finned-tubes，(2018年11月現在)
37) エス アンド エフ ホームページ（ORT 3 ローラー転造盤）：http://www.sandfinc.co.jp/ort/692.html，(2018年11月現在)
38) 鍛造ハンドブック編集委員会編：鍛造ハンドブック，(1971)，447-456，日刊工業新聞社．
39) E. Bretschneider:Novel tube rolling process using the 3-roll planetary mill (PSW)，Iron and steel Engineer，(1981)，**51**．
40) Bretschneider, E.：High reduction of hollow blooms, solid blooms and billets with the three-roll planetary mill, Proceeding of third International Conference on Rotary Metalworking Processes, (1984), 375-385.
41) 例えば，WFホームページ：http://wf-maschinenbau.com/，(2018年11月現在)
42) ProfiRoll Technologies GMBH ホームページ：https://www.profiroll.com/en/process/spline-rolling/，(2018年11月現在)
43) MJC Engineering and Technology ホームページ：http://mjcengineering.com/video-gallery/，(2018年11月現在)
44) スギノマシン ホームページ：http://www.sugino.com/site/qa/sp-technical-strongpoint02.html，http://www.sugino.com/site/qa/sp-technical-strongpoint05.html，(2018年11月現在)
45) Korzynski, M.：A model of smoothing slide ball-burnishing and an analysis of the parameter interaction, Journal of Materials Processing Technology, **209**, (2009), 625-633.

46) 落敏行：熱間ロール加工技術の開発と鋳鋼製クランクスローへの適用実用化，塑性と加工，**44**-507，(2003)，414-418.
47) 田中秀岳・石井渉・柳和久：ステンレス鋼およびアルミニウム合金のバニシング加工による表面改質における最適加工条件と表面層の機械的性質，塑性と加工，**52**-605，(2011)，726-730.
48) 日本塑性加工学会編：日本の塑性加工（Ⅰ），(1986)，377，日本塑性加工学会．
49) 大森舜二・谷本楯夫：ディスクリング成形機，塑性と加工，**25**-279，(1984)，272-278.
50) 大森舜二・谷本楯夫・日朝幸雄・福永純一・村上吉男：円盤状素形材のロール成形に関する実験，塑性と加工，**25** -279，(1984)，309-316.
51) 野田忠吉・戸谷靖隆：鉄道車両用の車輪の製造工程，塑性と加工，**13**-136，(1972)，368-373.
52) 谷本楯夫ほか：円盤状素形材のロール成形機の開発，素形材，**26**-10，(1985)，9-15.
53) Schuler Group ホームページ：https://www.schulergroup.com/，(2018年11月現在)
54) Shen, X., Yan, J., An, T., Xu, Z. & Zhang, J.：Analysis of railway wheel rolling process based on three-dimensional simulation, The International Journal of Advanced Manufacturing Technology, **72**. Issue 1-4, (2014), 179-191.

索引

【あ】
アキシャルロール　　113, 116, 120
圧力ロール　　116
歩き　　24, 29

【い】
異形断面　　113, 115, 122
インクリメンタルリング
　ローリング　　132
インテリジェント化　　200
インフィード転造　　21, 24
インボリュート曲線　　150, 151

【え】
エキスパンディング　　196
エネルギー法　　35, 36, 38, 126
円周力　　161, 182
円すい形　　123
円すい半角　　159, 162

【お】
往復絞り　　138, 156
送り力　　161
押付け転造　　21, 24
押付け力　　161, 180, 182

【か】
回転しごき加工　　5, 8, 138, 176
回転成形　　2
回転鍛造　　7, 208
　——の応用　　214
　——の加工原理　　208
　——の基本形式　　209
　——の変形機構　　211
ガイドロール　　117
カウンターギヤ素形材　　106, 107
鏡板の加工　　188
加工限界　　168
加工硬化指数　　169
加工3分力　　161, 162, 164, 167
加工性　　140, 167, 187
加工熱処理　　176
加工力　　182
かさ歯車の熱間転造　　81
壁厚減少率　　162, 170, 178, 180, 186
カーリング　　196
環節　　138, 149, 180
管端閉じ　　8, 192

【き】
基円半径　　150, 152, 154
基点　　150, 154
キャビティ　　123
球の転造　　226
切上げ法　　93

【く】
矩形断面　　113, 115
くさび形工具　　34, 35, 37, 38
口絞り　　193, 194
駆動ロール　　116
クリアランス　　148, 149, 163
クロージング　　8, 192
クロスヘリカル転造　　3

クロスローリング　　5, 6, 84
　——で成形した段付き軸　　87
　——の基本的特性　　90
　——の基本的なダイス　　85
　——の成形の過程　　86
　——のダイス形状　　91
　——のフラットダイ方式　　84
　——の盛上げ成形　　101
　——の用途　　105
　——のロールダイ方式　　84
クロスローリングマシン　　103

【け】
経済性　　139
傾斜軸転造　　3, 224
限界円すい半角　　171
限界壁厚減少率　　142, 171, 186
限界絞り比　　142, 150
限界ローラー送り速度　　170

【こ】
後期パス　　152, 155
後方回転しごき加工　　176, 183
固定加工条件　　148, 149, 161
コニシティ　　123
ころ状部品の転造　　228
コーン形3個ロールによる
　転造　　232

【さ】
最大壁厚減少率　　171, 181, 187

索引

最適パススケジュール	155
差速式ねじ転造盤	24
皿　形	123
皿付け	187
残留応力	50

【し】

シェアフォーミング	138
時効処理	175
しごきスピニング	138, 159
実質送り速度	178, 183, 186
自動車用ギヤ素形材への応用例	106
絞　り	170, 171, 187
絞り-しごきスピニング	146
絞りスピニング	138, 147, 157, 159
シーミング	197
車輪圧延機	243
潤滑剤	142
上界法	126
初期パス	151
──の立上がり角	151, 153, 158
し　わ	147, 149, 153, 164, 167, 169
しわ発生係数	169
進行角 β	91

【す】

数値制御スピニング	198, 200
スタッガー	186
スタッガーローラー	164, 185
スピナビリティ	142
スピニング	2, 7, 13, 137
スプライン転造	7
スプラインの冷間転造	66
スプリッティング	8
すべり線場	34, 40, 126
スラブ法	37, 125
スルーフィード転造	3, 21, 24, 30
スレッドフォーミング	19, 40

スレッドローリング	19, 40

【せ・そ】

成形角	181, 185
成形角 α	91
成形性	142, 171
成形転造法	53
成形難易度	142
正弦則	138, 159
精　度	143
製品欠陥	178
製品高さ	149, 152, 155, 156
セグメントダイス	20, 25
接線方向転造	21, 26
センタリングロール	112, 120
前方回転しごき加工	176, 183
創成転造ダイス	60
創成転造法	53

【た・ち】

ダイス	54
──の歯に作用する荷重	61
多サイクル加工	147
多サイクル絞りスピニング	147
縦転造	3
単純絞りスピニング	148
単純せん断モデル	160
段付き中空部品の転造	229
チューブスピニング	8, 138, 176
張　力	186

【て】

定常状態	180
ディスクリング成形機	248
ディスクリング成形品	250
ディスクローリング	8, 242
ティーチイン・プレイバックスピニング	199

ディッシング	123, 187
テーパチューブの転造成形	239
転圧法	96, 98
転　造	2, 5, 9
転造アタッチメント	26
転造効果	41
転造後熱処理	42, 44
転造品に生じる代表的な欠陥例	90
転造力	22, 24, 31, 37

【と】

通し転造	3, 21, 24, 30
ドーミング	192
トリミング	196
トレーサーロール	119

【な～ね】

波打ち	123
波形	123
2段成形法	96
ねじ転造	5, 6, 18, 19
ねじ転造アタッチメント	20
ねじ転造装置	20, 26
ねじ転造ダイス	28
ねじ転造盤	20
ねじ転造ヘッド	20, 26
熱間型鍛造用荒地加工への応用例	109
熱間転造歯車の品質	72
熱間リングローリング	117
ネッキング	8, 193, 194
熱処理後転造	42, 44

【は】

歯　車	53
──の仕上げ転造	73
──の熱間転造	68
──の熱間転造の転造条件	71
──の冷間転造	66

歯車転造 7, 53
　——における歯の盛上
　　がり 57
　——の幾何学的条件 59
　——の方式 54
　——のラックダイス方式
　 62
　——のローラーダイス
　　方式 65
パススケジュール 148, 159
パスプログラミング 157, 159
破　断 147, 149, 153,
 167, 169
バニシ転造 240
バルジング 8, 195
半径方向転造 21, 26
半径力 24, 37

【ひ】

引　け 123
非軸対称製品 202
非調質ボルト 45
ピッチ 150, 153, 155,
 157, 158
非定常状態 180
ビーディング 197
ひも出し 197
平ダイス 20, 22, 28
平ダイスねじ転造盤 22
疲労強度 42, 43, 44, 48, 50

【ふ】

ファイバーフロー
 19, 23, 32, 41
フィッシュテール 116, 123
フィードマーク 154, 167
フィン付きチューブの転造
 229
縁加工 139, 196
縁巻き 196
プラネタリーねじ転造盤 25
ブランク板厚 162
ブランク回転数 165

ブランク回転速度 149
ブランク周速 166
ブランク直径 161, 166
プランジ転造 24
フランジング 187
フリクションスピニング 201
プーリ転造 236
プリフォーム 118
フレアリング 196
フレキシブル化 201
プロフィル転造 6
プロフィルリングの転造 238
フローフォーミング 138, 176

【へ・ほ】

ヘミング 197
へら絞り 138, 147
ヘリカルローリング 6, 234
ホイールミル 243
ボスフォーミング 8

【ま】

マイクロスピニング 188
丸ダイス 20, 23, 25, 29
丸ダイスねじ転造盤 23
マンドレル 112, 115, 119,
 137, 149

【み～も】

ミッションギヤ素形材 108
メインロール 112, 115, 119
盛上がり 178, 181, 182
盛上がり率 180, 181
盛上げタップ 19, 32

【ゆ・よ】

有限要素法 129
揺動鍛造 7
横転造 3

【ら】

ラジアル-アキシャルリング
　ローリング 115

ラジアル鍛造 6, 218, 219,
 220, 224
ラジアルリングローリング
 115
ラックダイス式転造装置 62

【り・れ】

リッジング 197
流動加工条件 148, 149, 150,
 164, 166
リングローリング
 5, 8, 112, 119
リングローリング方式 80
冷間リングローリング 117
レーザーアシストスピ
　ニング 201

【ろ】

ロータリー式転造盤 25
ロータリースエージング
 6, 218
　——の応用例 222
ローラー 137, 149, 164,
 177, 185
ローラー送り速度 153, 155,
 158, 165, 166, 170
ローラー直径 164, 186
ローラーパス形状 150
ローラーパス経路 151
ローラー丸み半径
 149, 165, 185
ロールタップ 32

CNCスピニング加工機 199
Grob法 77
n 値 169
PNCスピニング加工機 199
PSW法 235
WPM法 76
1パスリングローリング 115
2パスリングローリング 116
2ローラーダイス転造装置
 65

回転成形──転造とスピニングの基礎と応用──

Rotary Forming — Fundamentals and Applications of Form Rolling and Spinning —

Ⓒ 一般社団法人 日本塑性加工学会　2019

2019 年 5 月 7 日　初版第 1 刷発行

|検印省略|

編　　者　　一般社団法人
　　　　　　日 本 塑 性 加 工 学 会
発 行 者　　株式会社　コ ロ ナ 社
　　　　　　代 表 者　牛来真也
印 刷 所　　萩原印刷株式会社
製 本 所　　有限会社　愛千製本所

112-0011　東京都文京区千石 4-46-10
発 行 所　株式会社　コ ロ ナ 社
CORONA PUBLISHING CO., LTD.
Tokyo Japan
振替 00140-8-14844・電話(03)3941-3131(代)
ホームページ　http://www.coronasha.co.jp

ISBN 978-4-339-04382-2　C3353　Printed in Japan　　　　（高橋）

本書のコピー，スキャン，デジタル化等の無断複製・転載は著作権法上での例外を除き禁じられています。
購入者以外の第三者による本書の電子データ化及び電子書籍化は，いかなる場合も認めていません。
落丁・乱丁はお取替えいたします。

塑性加工全般を網羅した！

塑性加工便覧

CD-ROM付

日本塑性加工学会 編

B5判／1 194頁／本体36 000円／上製・箱入り

編集機構

- ■ 出版部会 部会長　近藤　一義
- ■ 出版部会 幹事　　石川　孝司
- ■ 執筆責任者（五十音順）

青木　勇	小豆島　明	阿高　松男	池　　浩
井関日出男	上野　恵尉	上野　隆	遠藤　順一
川井　謙一	木内　學	後藤　學	早乙女康典
田中　繁一	団野　敦	中村　保	根岸　秀明
林　　央	福岡新五郎	淵澤　定克	益居　健
松岡　信一	真鍋　健一	三木　武司	水沼　晋
村川　正夫			

塑性加工分野の学問・技術に関する膨大かつ貴重な資料を，学会の分科会で活躍中の研究者，技術者から選定した執筆者が，機能的かつ利便性に富むものとして役立て，さらにその先を読み解く資料へとつながる役割を持つように記述した．

主要目次

1. 総　　論
2. 圧　　延
3. 押　出　し
4. 引抜き加工
5. 鍛　　造
6. 転　　造
7. せ　ん　断
8. 板　材　成　形
9. 曲　　げ
10. 矯　　正
11. スピニング
12. ロール成形
13. チューブフォーミング
14. 高エネルギー速度加工法
15. プラスチックの成形加工
16. 粉　　末
17. 接合・複合
18. 新加工・特殊加工
19. 加工システム
20. 塑性加工の理論
21. 材料の特性
22. 塑性加工のトライボロジー

定価は本体価格＋税です．
定価は変更されることがありますのでご了承下さい．

◆図書目録進呈◆

機械系教科書シリーズ

（各巻A5判，欠番は品切です）

- ■編集委員長　木本恭司
- ■幹　　　事　平井三友
- ■編集委員　青木　繁・阪部俊也・丸茂榮佑

配本順				頁	本体
1.	(12回)	機械工学概論	木本恭司 編著	236	2800円
2.	(1回)	機械系の電気工学	深野あづさ 著	188	2400円
3.	(20回)	機械工作法（増補）	平井三友・和田任弘・田中久一・塚本晃奎・本田昌義・三友春一 共著	208	2500円
4.	(3回)	機械設計法	朝比奈誠・黒田孝健・山口正・古川誠司・吉井徳洋 共著	264	3400円
5.	(4回)	システム工学	荒井克彦 共著	216	2700円
6.	(5回)	材料学	久保井徳恵洋 共著	218	2600円
7.	(6回)	問題解決のための Cプログラミング	佐中・藤村・次理・男郎 共著	218	2600円
8.	(7回)	計測工学	前田良一・木村至啓・押田昭夫・牧野雅秀・生水雄也 共著	220	2700円
9.	(8回)	機械系の工業英語	高橋部榮・阪本茂恭忠 共著	210	2500円
10.	(10回)	機械系の電子回路	丸木藪伊・藤田民崎本司・山田坂坂恭男紀・友光紀雄彦 共著	184	2300円
11.	(9回)	工業熱力学		254	3000円
12.	(11回)	数値計算法		170	2200円
13.	(13回)	熱エネルギー・環境保全の工学		240	2900円
15.	(15回)	流体の力学	田本口石紋剛靖・明田村山・吉来内・田山 共著	208	2500円
16.	(16回)	精密加工学		200	2400円
17.	(30回)	工業力学（改訂版）		240	2800円
18.	(31回)	機械力学（増補）	青木　繁 著	204	2400円
19.	(29回)	材料力学（改訂版）	中島正貴 著	216	2700円
20.	(21回)	熱機関工学	越老智固本部飯早榛矢重吉阪田川樫野松高・敏潔俊賢恭弘順洋敏・明一光也一弘明彦一男 共著	206	2600円
21.	(22回)	自動制御		176	2300円
22.	(23回)	ロボット工学		208	2600円
23.	(24回)	機構学	小丸矢牧境本位田昔川・池茂尾田・彰・位健多芳・勝佑匡永秀・光重郎 共著	202	2600円
24.	(25回)	流体機械工学		172	2300円
25.	(26回)	伝熱工学		232	3000円
26.	(27回)	材料強度学		200	2600円
27.	(28回)	生産工学 ―ものづくりマネジメント工学―		176	2300円
28.		CAD／CAM	望月達也 著		

定価は本体価格＋税です。
定価は変更されることがありますのでご了承下さい。

図書目録進呈◆

機械系 大学講義シリーズ

(各巻A5判，欠番は品切です)

■編集委員長　藤井澄二
■編集委員　臼井英治・大路清嗣・大橋秀雄・岡村弘之
　　　　　　黒崎晏夫・下郷太郎・田島清灝・得丸英勝

配本順			頁	本体
1. (21回)	材料力学	西谷弘信著	190	2300円
3. (3回)	弾性学	阿部・関根共著	174	2300円
5. (27回)	材料強度	大路・中井共著	222	2800円
6. (6回)	機械材料学	須藤一著	198	2500円
9. (17回)	コンピュータ機械工学	矢川・金山共著	170	2000円
10. (5回)	機械力学	三輪・坂田共著	210	2300円
11. (24回)	振動学	下郷・田島共著	204	2500円
12. (26回)	改訂機構学	安田仁彦著	244	2800円
13. (18回)	流体力学の基礎（1）	中林・伊藤・鬼頭共著	186	2200円
14. (19回)	流体力学の基礎（2）	中林・伊藤・鬼頭共著	196	2300円
15. (16回)	流体機械の基礎	井上・鎌田共著	232	2500円
17. (13回)	工業熱力学（1）	伊藤・山下共著	240	2700円
18. (20回)	工業熱力学（2）	伊藤猛宏著	302	3300円
20. (28回)	伝熱工学	黒崎・佐藤共著	218	3000円
21. (14回)	蒸気原動機	谷口・工藤共著	228	2700円
22.	原子力エネルギー工学	有冨・齊藤共著		
23. (23回)	改訂内燃機関	廣安・實諸・大山共著	240	3000円
24. (11回)	溶融加工学	大・中・荒木共著	268	3000円
25. (25回)	工作機械工学（改訂版）	伊東・森脇共著	254	2800円
27. (4回)	機械加工学	中島・鳴瀧共著	242	2800円
28. (12回)	生産工学	岩田・中沢共著	210	2500円
29. (10回)	制御工学	須田信英著	268	2800円
30.	計測工学	山本・宮城・臼田・高辻・榊原共著		
31. (22回)	システム工学	足立・酒井・髙橋・飯國共著	224	2700円

定価は本体価格+税です。
定価は変更されることがありますのでご了承下さい。

図書目録進呈◆

機械系コアテキストシリーズ

(各巻A5判)

- ■編集委員長　金子 成彦
- ■編集委員　大森 浩充・鹿園 直毅・渋谷 陽二・新野 秀憲・村上 存（五十音順）

	配本順			著者	頁	本体
材料と構造分野					
A-1	(第1回)	材料力学	渋谷 陽二・中谷 彰宏 共著	348	3900円
運動と振動分野					
B-1		機械力学	吉村 卓也・松村 雄一 共著		
B-2		振動波動学	金子 成彦・姫野 武洋 共著		
エネルギーと流れ分野					
C-1	(第2回)	熱力学	片岡 勲・吉田 憲司 共著	180	2300円
C-2	(第4回)	流体力学	鈴木 康方・関谷 直樹・彭 國義・松島 均・沖田 浩平 共著	222	2900円
C-3		エネルギー変換工学	鹿園 直毅 著		
情報と計測・制御分野					
D-1		メカトロニクスのための計測システム	中澤 和夫 著		
D-2		ダイナミカルシステムのモデリングと制御	髙橋 正樹 著		
設計と生産・管理分野					
E-1	(第3回)	機械加工学基礎	松村 隆・笹原 弘之 共著	168	2200円
E-2		機械設計工学	村上 存・柳澤 秀吉 共著		

定価は本体価格+税です。
定価は変更されることがありますのでご了承下さい。

図書目録進呈◆

技術英語・学術論文書き方関連書籍

理工系の技術文書作成ガイド
白井　宏 著
A5／136頁／本体1,700円／並製

ネイティブスピーカーも納得する技術英語表現
福岡俊道・Matthew Rooks 共著
A5／240頁／本体3,100円／並製

科学英語の書き方とプレゼンテーション（増補）
日本機械学会 編／石田幸男 編著
A5／208頁／本体2,300円／並製

続 科学英語の書き方とプレゼンテーション
－スライド・スピーチ・メールの実際－
日本機械学会 編／石田幸男 編著
A5／176頁／本体2,200円／並製

マスターしておきたい　技術英語の基本
－決定版－
Richard Cowell・佘　錦華 共著
A5／220頁／本体2,500円／並製

いざ国際舞台へ！　理工系英語論文と口頭発表の実際
富山真知子・富山　健 共著
A5／176頁／本体2,200円／並製

科学技術英語論文の徹底添削
－ライティングレベルに対応した添削指導－
絹川麻理・塚本真也 共著
A5／200頁／本体2,400円／並製

技術レポート作成と発表の基礎技法（改訂版）
野中謙一郎・渡邉力夫・島野健仁郎・京相雅樹・白木尚人 共著
A5／166頁／本体2,000円／並製

Wordによる論文・技術文書・レポート作成術
－Word 2013/2010/2007 対応－
神谷幸宏 著
A5／138頁／本体1,800円／並製

知的な科学・技術文章の書き方
－実験リポート作成から学術論文構築まで－
中島利勝・塚本真也 共著
A5／244頁／本体1,900円／並製
日本工学教育協会賞（著作賞）受賞

知的な科学・技術文章の徹底演習
塚本真也 著
A5／206頁／本体1,800円／並製
工学教育賞（日本工学教育協会）受賞

定価は本体価格＋税です。
定価は変更されることがありますのでご了承下さい。

図書目録進呈◆

新塑性加工技術シリーズ

(各巻A5判)

■日本塑性加工学会 編

配本順		書名	(執筆代表)	頁	本体
1.		塑性加工の計算力学 ―塑性力学の基礎からシミュレーションまで―	湯川伸樹		
2.	(2回)	金属材料 ―加工技術者のための金属学の基礎と応用―	瀬沼武秀	204	2800円
3.		プロセス・トライボロジー ―塑性加工の摩擦・潤滑・摩耗のすべて―	中村 保		
4.	(1回)	せん断加工 ―プレス切断加工の基礎と活用技術―	古閑伸裕	266	3800円
5.	(3回)	プラスチックの加工技術 ―材料・機械系技術者の必携版―	松岡信一	304	4200円
6.	(4回)	引抜き ―棒線から管までのすべて―	齋藤賢一	358	5200円
7.	(5回)	衝撃塑性加工 ―衝撃エネルギーを利用した高度成形技術―	山下 実	254	3700円
8.	(6回)	接合・複合 ―ものづくりを革新する接合技術のすべて―	山崎栄一	394	5800円
9.	(8回)	鍛造 ―目指すは高機能ネットシェイプ―	北村憲彦	442	6500円
10.	(9回)	粉末成形 ―粉末加工による機能と形状のつくり込み―	磯西和夫	280	4100円
11.	(7回)	矯正加工 ―板・棒・線・形・管材矯正の基礎と応用―	前田恭志	256	4000円
12.	(10回)	回転成形 ―転造とスピニングの基礎と応用―	川井謙一	274	4300円
13.		チューブフォーミング ―軽量化と高機能化の管材二次加工―	栗山幸久	近刊	
		圧延 ―ロールによる板・棒線・管・形材の製造―	宇都宮裕		
		板材のプレス成形 ―曲げ・絞りの基礎と応用―	桑原利彦		
		押出し ―基礎から高機能付加成形まで―	星野倫彦		

定価は本体価格+税です。
定価は変更されることがありますのでご了承下さい。

図書目録進呈◆